KB140909

서 현

배흘림기둥의 고백

국립중앙도서관 출판시도서목록(CIP)

배흘림기둥의 고백 : 옛건축의 창조와 진화 / 서현 지음. -- 파주 :
효형출판, 2012
p. ; cm

ISBN 978-89-5872-113-0 93540 : ₩17000

건축[建築]

540.04-KDC5
692.02-DDC21 CIP2012003810

배흘림기둥의 고백

옛건축의 창조와 진화

서 현 지음

효형출판

환생의 순간

"벽돌아, 너는 무엇이 되고 싶으냐?"

건축가가 물었다.

"나는 아치가 되고 싶어요."•

우리의 옛건축에서는 홍예라고 불렀다. 아치는 벽돌이 이룰 수 있는 구조체로서 가장 어렵고 위대한 성취였다. 건축의 역사는 쌓는 데서 시작하였다. 차곡차곡, 차근차근 쌓이기만 하면 되던 벽돌은 이제 허공을 가로지를 수 있게 되었다. 쌓아 이루는 재료가 새로운 존재의 가치를 발견하는 순간이었다. 서양건축의 역사가들은 건축사를 아치 이전과 이후로 나누기도 했다.

이번에는 다른 건축가가 물었다.

• Louis I. Kahn, *Writings, Lectures, Interviews*. ed. Alessandra Latour, Rizzoli, 1991, p.288

"나무야, 너는 무엇이 되고 싶으냐?"

숲 속의 나무는 전통건축의 구조체로 환생을 할 참이었다.

"나는 추녀가 되고 싶어요."

못생긴 여자를 일컫는 단어가 아니다. 전통건축을 규정하는 가장 중요한 부분이 바로 지붕이다. 그 지붕에서 가장 어렵고 복잡하며 중요한 역할을 하는 것이 모서리를 받치는 부재, 즉 추녀다. 그리고 추녀를 받치는 것이 기둥이다. 그 기둥 중에서 또 가장 유명한 것이 배흘림기둥이다. 역사가들도 관광객들도 발레리나 같은 추녀와 역도선수 같은 배흘림기둥을 칭송했다. 그 곡선미의 추앙은 민족신앙처럼 굳건하였고 의문과 회의는 불순하거나 불필요했다.

그러나, 추녀는 아름다움을 믿지 않는다. 등을 휘고 팔을 뻗은 추녀는 자신에게 허용된 길이의 끝단을 가늠하며 허공에 간신히 서있는 중이다. 한 뼘만 더 뻗으면 몸이 꺾이고 지붕이 무너져 내리는 한계 상황에 숨이 막힐 지경이다. 배흘림기둥도 추녀를 받치고 있느라 인고의 순간을 보내고 있는 중이다. 이들이 과연 아름답게 보였다면 그것은 목적이 아니고 결과였다.

모습이 극단적으로 다를지라도 발레리나와 역도선수가 겨루고 극복해야 할 상대는 같다. 모두 중력이다. 전통건축의 부재들이 겨냥해야 할 과녁은 중력 외에 또 하나가 있었다. 빗물이었다. 집은 원래 비바람을 막기 위한 고안이다. 추녀는 가장 멀리 허공으로 뻗어나가야 한다. 그 아래 자신을 받쳐주는 기둥이 비에 젖지 않아야 한다. 기둥은 추녀가 무너지지 않게 받치고 있어야 한다.

모든 나무가 추녀나 기둥이 되지 않는다. 누구는 다만 이들을 연결하기도 한다. 꽃무늬가 새겨진 장식이 되기도 한다. 그러나 그림엽서에서 잘 보이지 않는다고 덜 중요한 것이 아니다. 전체로서의 구조체가 조화롭지 않다면 홀로 우아한 부재들의 가치는 무엇인가. 뚱뚱한 백조들이 군무를 추고 있다면 죽어가는 백조의 처절함은 희극일 뿐이다.

다시 묻는다.

"나무야, 너도 배흘림기둥이 되고 싶으냐?"

새로운 나무의 대답은 이렇다.

"나는 단지 나를 찾고 싶어요."

숲의 나무가 환생하여 전통건축의 구조체가 된다. 이 책은 전통건축의 각 부재들에게 던져진 과녁과 이들이 거쳐가야 했던 과정을 설명한다. 건축사는 부재들을 뜯어고쳐가며 새로 조합해 나간 진화과정의 서술이다. 매 순간 창조의 아이디어가 필요하였으니 그것은 창조와 진화가 교직되는 과정이었다.

이 책도 전통건축의 구조체처럼 환생의 결과물이다. 이전 제목은 《사라진 건축의 그림자》였다. 어느 정도 전통건축을 공부했거나 기본적인 관심이 있는 독자들을 상정하고 쓴 책이었다. 책을 내고 나니 당황스러울 정도로 양분된 독자의 반응이 있었다.

건축을 전공한 독자들은 오리무중이었던 전통건축의 논리를 일목요연하게 설명해주었다고 했다. 부담스런 찬사들이었다. 그러나 반대쪽에선 볼멘 목소리가 있었다. 건축을 전공하지 않은 독자가 의외로 적지 않았다. 전통건축의 부재들 이름이 너무 어렵다고 했다. 생각보다 훨씬 더 많은 목소리였다. 부재 이름을 정확히 파악하지 못한다면 결국 설명은 막다른 골목에 머물거나 헤매게 된다. 책이 무의미해진다.

결국 책을 뜯어고쳐야 했다. 이번에는 건축을 전공하지 않은 독자들을 중요하게 고려했다. 반복 없이 간결하게 설명한다는 원칙을 접었다. 가장 이해하기 쉬운 방식으로 설명하려면 부재 설명의 반복을 감수해야 했다. 책 제목도 바꿔 달았다. 갱생이 아니라 환생이었다.

우리의 삶이 아무리 비장한들 막상 그 시작과 끝에 본인의 의지가 관여되는 경우는 거의 없다. 숲의 나무들도 자신들이 나서서 건축부재로 환생하지 않았다. 개입한 것은 인간의 의지일 따름이다. 건축은 인간 의지의 물리적 표현이다. 우리 앞의 전통건축도 다르지 않다.

이 책에서 찾으려는 것은 나무라는 재료에 개입한 인간 의지의 흔적이다. 이 책은 끝내 환생하여 그 모습을 건축으로 남긴 나무들의 목격담이다. 결과로 남은 화려함이 아니고 묻혀 사라졌으되 치열했던 그 과정의 복원이다.

자신에게 사진기를 들이대며 폭죽 같은 감탄사를 터뜨리는 관광객들에게 배흘림기둥이 진정 털어놓고 싶은 이야기가 있을 것이다. 이야기를 들으려면 뒤돌아서서 사진기를 재촉하는 관광객의 모습을 접어야 한다. 조용히 관조하는 침묵의 순례자가 되어야 한다. 귀기울이면 기꺼이 들리는 그 고백을 이제 들어보자.

2012년 8월

서현

차례

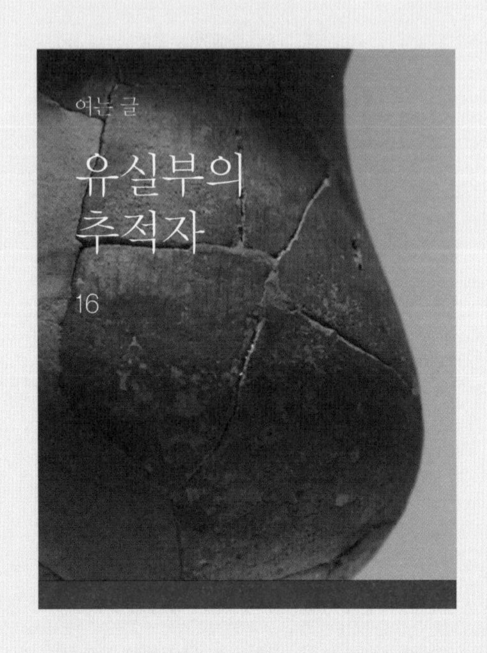

커피 한잔의 추억

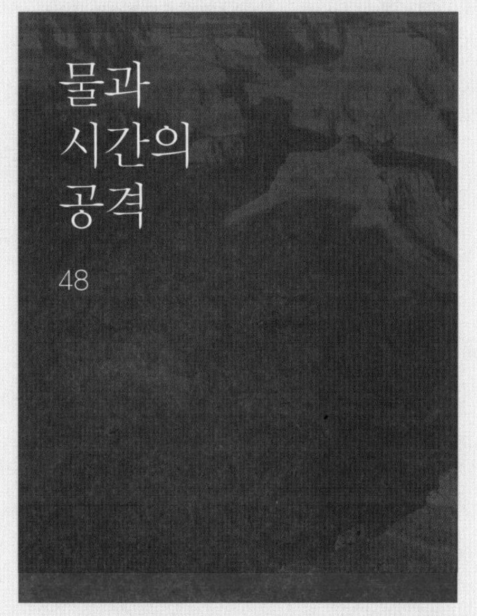

물과 시간의 공격

세상을
덮는
방식
72

뻗은
날개의
탄생
100

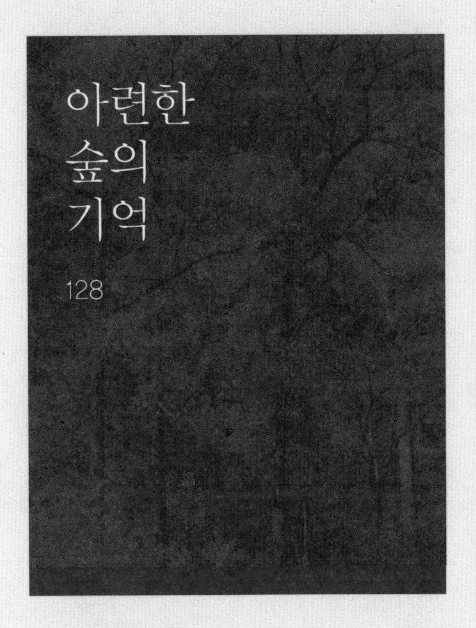

가장
화려한
순간
194

염불과
잿밥
사이
238

닫는 글
침묵의
얼굴
262

유실부의
추적자

치타가 달리기 시작했다.

등뼈가 활처럼 튕겨진다. 사바나에 뽀얀 먼지가 인다. 배 나온 시청자는 조금 전까지 치킨과 감자칩 광고를 보던 중이었다. 치타의 우아한 달리기에 한숨 같은 감탄사가 흘러나온다.

치타를 이해하기 위해 생물학 책을 편다. 치타의 입장은 시청자의 목격담과 좀 다르다. 치타는 가장 빨리 달려야 가젤을 잡을 수 있다. 그래서 몸에 무겁게 지방을 쌓아 둘 여력이 없다. 비축 에너지원인 지방을 없앤 만큼 전속력으로 달릴 수 있는 기회는 줄어든다. 몇 번 기회를 놓치면 치타는 굶어 죽는다. 가젤은 살아남는다.

치타는 심심해서 달리지 않는다. 카메라를 의식하고 좀 더 멋있게 달리지도 않는다. 치타에게 달리기는 자신의 생존이 걸린 것이다. 가젤도 치타의 먹이가 되기 위해 존재하지 않는다. 가젤에게도 달리기에 모든 것이 걸려있다. 그것이 진화의 조건이다.

이번에는 카메라의 앵글이 숲 속의 산사山寺로 옮겨갔다. 탄탄한 배흘림기둥과 우아한 처마곡선미가 설명된다. 자연스럽고 아름다우며 때로는 화려하여 조상의 슬기를 증명하는 전통건축.

해남 대흥사 대웅보전
초연하게 자연석을 갖다놓은 덤벙주초와 화려한 포작이 한 건물에 공존한다.

건축 역사책을 펴도 설명은 그리 다르지 않다. 버선코와 뒷산을 닮은 처마곡선은 자연에 순응하는 우리의 미의식이다, 기둥의 배흘림과 안쏠림은 착시 보정을 위한 것이다, 다포식은 주심포식보다 화려하여 조선 시대에 쓰이기 시작했다. 여지없이 이런 설명이 등장한다.

질문은 여기서 시작한다. 저 구조물들은 보기에 화려하되 그만큼 버겁고 무거워 보인다. 만들기도 어려웠을 것이다. 그렇다면 목수들은 과연 화려해 보이려는 의지만으로 그 구조물을 어렵사리 올려놓았을까. 단지 우리의 눈을 즐겁게 해주고자 그리 어렵게 나무를 깎고 처마를 휘었을까. 처마곡선은 도대체 왜 존재하게 된 걸까. 불꽃처럼 화려한 조형 의지와 자연에 순응하는 소박한 마음이 한 건물에 공존하는 이유는 뭘까.

감자칩을 씹던 시청자가 갑자기 심심풀이로 집을 지어보겠다고 나서는 일은 없다. 아무리 써도 돈이 남으니 취미 삼아 건물을 한번 지어보겠다고 덤비지도 않는다. 집 짓기는 대개 평생 한 번도 겪기 어려운 일이다. 건축가에게도 시공업자에게도 건축은 무료함을 달래기 위한 취미 활동일 수가 없다. 예나 지금이나 그것은 인생의 한 부분을 소진하는 달리기다. 먹이와 목적지가 다를 뿐이다.

전통건축은 2000년이 넘는 시간에 걸친 조탁의 결과물이다. 나는 그 이유가 궁금했다. 치타의 그 감탄스런 몸이 절박함에서 비롯된 것이라면, 전통건축에도 끝내 그 공통적인 형태에 이르는 절박한 이유가 있지 않았을까.

비바람은 목조건물이 지어진 그 순간부터 건물을 공격했다.

시간은 언제나 자연의 편이다. 우리에게 남은 것은 군데군데 연대기가 빈 유구들이다. 고려 시대의 건물 중 지금 남아있는 것은 고작 다섯 채다. 이 책에서 줄곧 등장할 이 건물들은 봉정사 극락전, 부석사 무량수전과 조사당, 수덕사 대웅전, 그리고 강릉의 임영관 삼문이다.

그러나 이들이 각 시대를 대표하는 모범적이고 대표적인 사례라는 어떤 증거도 없다. 만든 목수의 수준은 다 다르다. 이들은 무작위로 무너지고 불타 사라진 건물들 사이에서 우연히, 혹은 다행히 살아남아 그 시대의 일면을 보여주고 있을 따름이다. 그나마 숱한 중건을 거친 결과물들이니, 이들을 늘어놓는 것만으로는 전체의 줄거리를 짚어낼 수 없다.

강릉 임영관 삼문
고려 시대의 건물이지만, 그 속의 부재들은 대한민국 시대에 갈아 끼운 게 훨씬 더 많다. 나이 먹은 부재들도 실제로 언제 것인지는 정확하지 않다.

진화론의 과학자들에게도 화석 자료의 연대기는 여기저기 비어있다. 고고학자들이 발굴한 유물도 사금파리에 지나지 않는 경우가 많다. 진화론 과학자들은 화석 유물 대신 유전자를 들여다본다. 고고학자들은 유물의 유실부를 석고 보강물로 채워넣는다. 합리적 상상력으로 만든 얼개와 보강물 덕에 우리는 전체를 추론할 수 있다. 전통건축에도 남은 화석 유물 외에 숨은 유전자가 있을 것이다. 전통건축의 유구 표본이 충분하지 않다면 그 유실부를 채워 넣어야 한다. 필요한 것은 논리적 추론이다. 여기는 시각적 유희의 설명이 끼어들 틈이 별로 없다.

국립중앙박물관 소장

청동기 시대에 만든 토기
유실부를 채우는 데 필요한 것은 합리적 상상력이었다.

전통건축의 교과서를 잠시 덮는다. 이제 나는 질문에 스스로 답을 하려고 한다. 유실부를 채우며 답을 할 것이다. 나의 무기는 아는 바가 별로 없다는 것이다. 나는 전통건축보다 소위 현대건축에 더 익숙하다. 책 읽기보다는 도면 그리기를 업으로 삼아왔다. 학문으로서 전통건축을 전공했다면 나는 기존 교과서의 설명에 함몰되었을 것이다. 적당히 가깝고 충분히 멀리 떨어져 서있는 셈이다.

나는 전통건축을 표현하는 양식의 이름이나 부재의 명칭을 잘 알지 못한다. 내게 전통건축은 누군가가 어떤 방식으로 깎고 쌓아놓은 목재 조합의 구조체를 지칭하는 추상명사였다. 그래서 교과서의 사진으로는 잘 선택되지 않는 부분에 별 선입견 없이 주목할 수 있었다. 그 관찰의 경험이 결국 이 책이 되었다.

사바나의 치타처럼 전통건축에는 거스를 수 없는 조건이 있다. 나무라는 재료와 자연이라는 환경이다. 수종은 다양해도 나무는 결국 재단되어 목재가 된다. 목재를 조합할 때 고려해야 할 것은 중력, 바람, 빗물과 같은 자연 조건들이다. 이들은 모두 논리적으로 설명이 가능한 영역에 들어있다. 나는 도달 과정의 최적화optimization와 전파 과정의 양식화stylization를 두 축으로 이야기를 끌어갈 것이다.

눈앞을 흐릴 수 있는 것들을 몇 겹 걷어내면 우리는 중요한 골격을 추려낼 수 있다. 우리에게는 화석과 화석을 꿰고 연결하고 채워넣을 수 있는 관찰력과 상상력이 필요하다. 앞에 놓인 것을 보기 위해 필요한 것이 관찰력이고 사라진 것을 보기 위해 필요한 것이 상상력이다. 이제 그 진화의 궤적을 거슬러 오르는 게임을 시작해보자.

우선, 커피나 한잔 마시자.

커피
한잔의
추억

커피를 마시는 방법

커피 한잔 하실래요?

이 초대에는 구수한 향기와 함께 따뜻한 마음이 묻어있다. 그 따뜻함은 신기하게 손끝에도 전해진다. 동전 몇 닢으로 얻게 되는 달착지근한 커피, 혹은 점심 식사비에 육박하는 값의 이름도 복잡한 커피. 어쨌든 당신의 손에는 따뜻함이 들려있게 된다.

그 따뜻함은 어디 담겨있는가. 당신은 지구의 미래를 걱정하여 머그잔에 커피를 받았을 수도 있다. 그러나 어쩔 수 없이 종이컵을 이용하게 될 경우도 있다. 담긴 커피의 종류는 달라도 종이컵은 다 똑같이 생겼다. 굳이 다른 바를 찾자면 종이컵의 크기와 그려넣은 문양 정도다. 생물로 치면 같은 종種이다.

종이컵을 잠시 내려다보자. 동그랗다. 종이컵은 모조리 동그랗다. 사실 종이컵뿐만 아니고 마실 것을 담는 용기들은 거의 다 동그랗다. 소주병, 맥주병, 콜라 깡통, 와인 잔. 도시의 건물들이 죄다 네모나다고 불만이 많은데 이것들은 웬일인가.

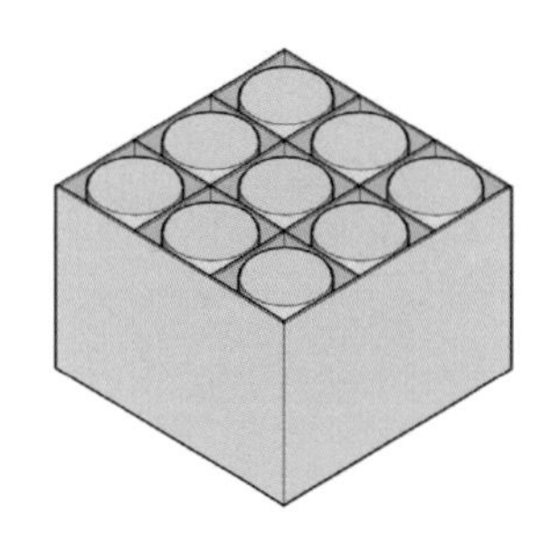

편의점에 배달되는 맥주병들을 보자. 이들은 네모난 플라스틱 케이지에 담겨있다. 병이 동그랗다 보니 케이지의 공간 낭비가 이만저만한 게 아니다. 동그란 것들은 모아놓으면 외부에 쓸모 없는 공간이 생긴다. 그럼에도 이들이 모두 동그란 이유는 무얼까. 병 만드는 이들이 모두 기존의 사회적 관성을 맹종하는 체제 순응형 인간들이었을까. 혹은 게을러서일까.

어느 사회불만형 인물은 기어이 네모난 종이컵을 만들었을지 모른다. 동그란 컵과 비교해보자. 원에는 원둘레라는 단 한 가지 상황만 존재한다. 보이지 않는 중심으로부터 일정한 거리에 있는 원둘레다. 이에 비해 사각형은 상황이 조금 더 복잡하다. 네 모서리와 네 변이 있다.

사각형의 모서리를 밀어보자. 사각형은 평행사변형으로 변한다. 이번에는 네 면 중 한 곳을 눌러보자. 쉽게 비틀린다. 사각형은 구조적으로 불안정한 도형이다. 같은 힘으로 동그란 종이컵을 눌러보자. 쉽게 모습을 바꾸지 않는다. 조금 더 힘을 준다면 타원으로 변할 것이다. 손을 떼면 곧 다시 원형으로 돌아올 것이다.

이 불안정한 사각형이 원에 필적하는 강성을 갖게 하려면 어떻게 해야 할까. 두꺼운 재료를 써야 한다. 그림이라면 두꺼운 연필로 그리면 된다. 그러나 실물에서는 더 많은 재료의 사용을 의미한다. 재료의 사용을 최소화하려면 원형을 선택해야 한다.

컵과 병이 깨지면 안에 담긴 끈적한 액체가 흘러나온다. 최소한의 재료로 최대한의 강성을 가져야 한다. 외부 공간 이용의 경제적 아쉬움은 그에 비하면 중요한 의미가 아니다. 그래서 이들은 모두 동그랗다. 종이컵도.

원을 입체적으로 만들면 공이 된다. 가장 적은 재료로 최고의 강성과 탄성을 유지하는 형태다. 상황이 절박할수록 이 작은 차이가 갖는 의미는 커진다. 풍선을 불면 쭈글쭈글한 고무 물체가 공 모양으로 변한다. 가해진 압력에 가장 경제적으로 대응하는 형태이기 때문이다. 방망이에 호되게 얻어맞은 야구공이 여전히 원래 모습을 되찾고 날아가는 것은 말 그대로 공 모양이기 때문이다. 이제 왜 달걀이 네모나지 않고 공 모양인지도 설명할 수 있다. 병아리의 부리로 쪼아 깨질 만큼 얇은 재료를 사용하되 어미닭이 품을 때 가해지는 하중을 버틸 수 있는 형상. 분포하중에 강하나 집중하중에는 약한 구조체.

절묘한 모양의 달걀
산란과 부화 과정이라는 면에서 최적의 형태를 갖추고 있다.

달걀은 완전한 공 모양도 아니다. 공은 암탉의 몸에서 세상으로 나오는 데 가장 합리적인 형태가 아니기 때문이다. 달걀의 그 절묘하고 우아한 형태는 공보다 더 멋있어 보이기 위한 것이 아니다. 탄생 과정과 요구 강성의 조건이 빚은 최적화의 결과물이다. 단일 개체로 낳는 알은 다 비슷하게 생겼다. 크기와 무늬만 다르다.

종이컵의 사연

카페라테, 카푸치노, 아메리카노, 캐러멜 마키아토, 혹은 모든 양념이 듬뿍 든 다방커피……

이름이 뭐든 지금 종이컵에는 커피가 담겨있다. 시원한 음료수가 담기기도 한다. 이들의 공통점은 마시려고 따라놓은 액체라는 것이다. 즉 이 액체들은 컵 상단을 거쳐 어디론가 위치 이동을 해야 한다. 마신다고 하면 그 위치 이동의 대상지가 우리 입안이다. 종이컵을 기울여야 한다.

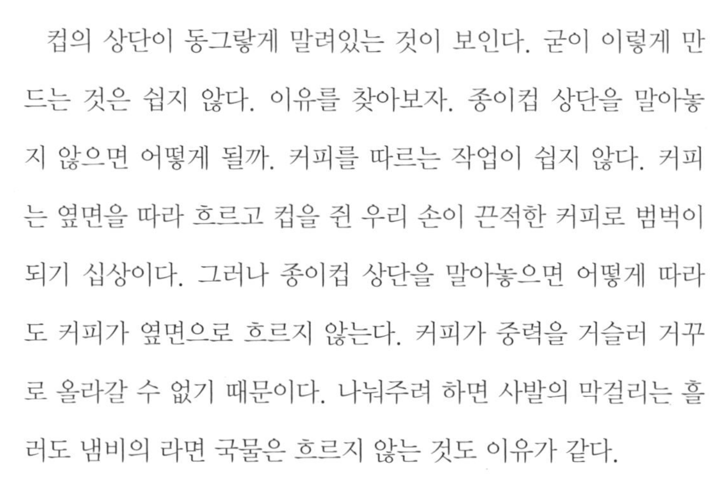

컵의 상단이 동그랗게 말려있는 것이 보인다. 굳이 이렇게 만드는 것은 쉽지 않다. 이유를 찾아보자. 종이컵 상단을 말아놓지 않으면 어떻게 될까. 커피를 따르는 작업이 쉽지 않다. 커피는 옆면을 따라 흐르고 컵을 쥔 우리 손이 끈적한 커피로 범벅이 되기 십상이다. 그러나 종이컵 상단을 말아놓으면 어떻게 따라도 커피가 옆면으로 흐르지 않는다. 커피가 중력을 거슬러 거꾸로 올라갈 수 없기 때문이다. 나눠주려 하면 사발의 막걸리는 흘러도 냄비의 라면 국물은 흐르지 않는 것도 이유가 같다.

종이컵 상단을 둥글게 말아놓은 것은 구조적인 장점도 있다. 컵 상단의 강성이 커지는 것이다. 말하자면 보강재를 컵 주변에

둘러놓은 셈이다. 확인을 하려면 손가락으로 눌러보면 된다. 상단을 말아놓은 디자인의 구조적 장점을 이해할 수 있다. 종이컵의 윗부분을 말아놓는 것은 종이컵 전체를 두껍게 하는 것보다 훨씬 더 경제적이다.

말아놓은 종이컵 상부는 부수적인 장점도 지닌다. 자동판매기에서 커피가 공급되는 동안 종이컵이 고리에 매달리는 턱이 되어주기도 한다. 커피가 지나치게 뜨거울 경우 양 손가락 끝에 종이컵을 걸쳐놓을 수도 있다.

이번에는 종이컵의 아랫면을 보자. 동그란 바닥면 종이가 붙어있다. 그런데 이 바닥면은 종이컵의 끝단보다 조금 안에 붙어있다. 말하자면 움푹 들어가있다. 이 역시 이유가 있을 것이다.

달걀도 만들어지는 과정이 중요했다. 종이컵도 만드는 과정을 생각해보자. 종이컵의 몸통과 바닥면은 두 장의 종이를 잘라 이어붙인 것이다. 붙이려면 맞닿는 면이 필요하다. 이 부분이 바로 그 접합면이다.

좀 더 생각해보자. 종이컵에 담기는 것은 대개 상온보다 더 뜨거운 액체들이다. 최대한 원래의 온도를 유지해야 한다. 이 정교한 고안은 액체와 탁자면의 접촉 면적을 최소화해준다. 바닥면 전체가 탁자에 직접 닿는다면 그 안에 담긴 액체는 훨씬 더 빠른 속도로 원래의 온도를 잃는다. 우리는 커피가 빨리 미지근해진다고 투덜거릴 것이다.

종이컵에 커피가 담기면 이 평평한 바닥면은 그 무게로 좀 처지게 된다. 이 처짐을 받아줄 여유 공간이 없으면 탁자 위의 종이컵은 불안정해진다. 쉽게 옆으로 넘어질 수 있는 것이다.

또 다른 장점은 종이컵 상단의 예와 같다. 이 부분의 강성이 강해지는 것이다. 이 상단과 하단의 보강 덕분에 종이컵은 원래 형태를 유지할 수 있다.

우리의 옷은 옷감이라는 평면 재료를 재단하고 엮어서 입체화한 것이다. 종이컵도 처음에는 그냥 평면의 종이였다. 이 종이를 어떤 방식으로 재단하고 조립하면 컵이 된다. 재단을 하려면 전개도가 필요하다. 그런데 이 종이컵은 윗부분과 아랫부분의 지름이 다르다. 지름이 다르면 전개도가 복잡해지고 재료의 낭비가 심해진다.

재료 낭비를 감수하고 얻게 되는 장점은 과연 무엇인가. 포개놓을 수 있다는 것이다. 종이컵에서 이 공간 이용의 경제성은 재료 이용의 경제성보다 훨씬 큰 가치가 있다.

종이컵은 병원에서 위생을 고려한 일회용품으로 세상에 등장했다. 한 번 쓰고 버리기 위해 태어난 것이니 당연히 대량소비가 전제된 것이다. 한 번에 수백 개씩 준비되어있어야 한다. 환경문제에 대한 고려가 중요해진 지금인들 상황은 크게 다르지 않다.

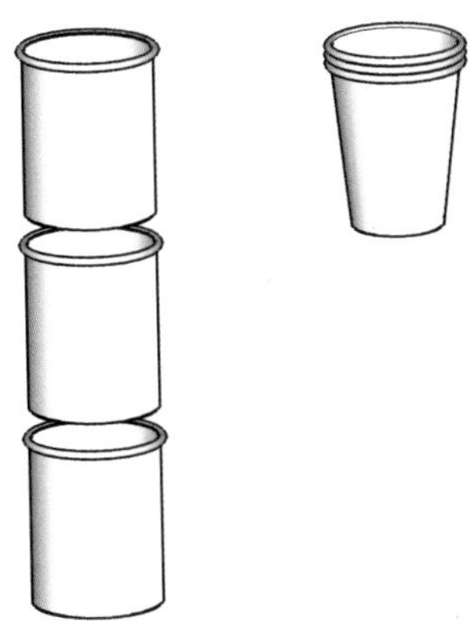

한 잔이라도 더 많은 커피를 팔아야 하는 자동판매기는 사람들이 많이 오가는 길목에 진을 쳐야 한다. 그런 위치일수록 자리의 가치도 높다. 종이컵을 포개 놓을 수 없다면 자동판매기는 지금보다 더 커져야 한다. 자동판매기의 덩치가 커질수록 그 자리를 점유하게 될 가능성은 낮아진다. 이 경우 재료의 낭비와 공간의 낭비 중 어느 것을 줄이는 것이 합리적인가.

종이컵은 이제 더 이상 손댈 곳이 없을 정도로 최적화된 모습을 갖추었다. 그 과정에는 멋있게 보이겠다는 시각적 여유가 개입할 여지가 없었다. 종이컵이 우리의 눈을 즐겁게 하기 위해 모습을 갖춰왔다면 우리는 동네마다 다른 형태의 종이컵을 사용하고 있을 것이다. 각국의 종이컵을 수집하는 취미도 생겼을 것이다.

이 최적화의 과정을 우리는 진화라고 부를 수 있다. 달걀도 하루아침에 그 모습을 갖추지는 않았을 것이다. 종이컵은 경제성을 목표로 하고 합리성을 도구로 하여 진화한 결과물이다. 지금 종이컵을 두고 디자이너들이 할 수 있는 일은 기껏해야 옆면에 상표 도안을 그려넣는 수준을 넘지 않는다. 접히는 종이 손잡이를 붙이는 정도가 그나마 좀 큰 차이다.

관찰 연습이 끝났으면 식은 커피를 마저 마시고, 이제 거리로 나서보자.

우산의 과거

빨간 우산, 파란 우산, 찢어진 우산

이슬비 내리는 이른 아침에 우산이 여기저기 펴졌다. 미키마우스도 있고 인상파 그림도 있다. 그러나 구조로만 보면 우산의 형태는 통일되어있다. 우산을 이루는 것은 우산대, 우산살, 그리고 천으로 된 우산 덮개다.

우산의 조건은 명료하다. 비가 오면 가장 큰 크기의 수평면을 만들어 물을 흘려보내야 한다. 그러나 필요하지 않을 때는 가장 작아져야 한다. 들고 다녀야 하기 때문이다.

우산의 정체를 알아보기 위해 사전을 펴보자. 비를 막기 위한 것은 우산雨傘, 햇빛을 막기 위한 것은 양산陽傘이라고 되어있다. 가만 보니 상형문자라는 한자 '傘산'의 생김새가 우리가 쓰고 다니는 우산의 모양과 비슷하다. 그 기본 형태의 유구함을 충분히 짐작할 만하다.

펴진 우산은 지난한 진화의 결과물이다. 재료와 기술의 변화와 발전에 따라 조금씩 변해왔다. 그 조건이 달라지지 않으면 머리를 싸매고 고민해도 별 뾰족한 대안이 없다. 그래서 우산 디자이너가 지금 하는 일은 결국 어떻게, 얼마나 접히게 고안하느냐

에 집중되어있다. 아니면 그려넣을 그림을 고민하든지.

사파리가 아닌 거리에도 진화의 결과물이 적지 않게 보인다. 인간의 상상력과 의지가 그 진화를 이끄는 힘이다.

부슬부슬하던 빗줄기가 굵어졌다. 이젠 바람까지 세차게 분다. 이렇게 궂은 날씨라면 굳이 밖으로 나서지 않는 것이 현명한 판단이겠다. 그러기에 우리에게는 집도 필요하다. 집은 훨씬 더 큰 우산이라고 할 수 있다. 들어가서 살 수 있을 정도로 크다. 휴대와 이동을 위한 것이 아니라 정주定住를 위한 우산이다. 접겠다고 고민할 필요가 없다.

우리의 선조들이 선택한 재료는 나무다. 지금까지 동아시아에서는 수없이 많은 목조건물을 지어왔다. 우리가 전통건축이라고 묶어서 부르는 그 모습이다. 우리의 전통건축은 대륙에서 한반도로 전래된 것이다. 대륙의 어디서 그 모습이 시작되었는지는 알 길이 없다. 우리 전통건축이 처음 어디서 왔느냐고, 원래 국적이 무어냐고 묻는 것도 별 의미는 없다. 문제는 질문의 내용이다. 저 형태는 왜, 어떻게 생겨난 것일까?

나무는 숲에 모여있다. 이들 중 적당한 것을 골라 재단하려면 연장이 필요했을 것이다. 그 연장은 철기일 수밖에 없다. 제대로 모습을 갖춘 목조건축의 출현은 철기 시대 이후의 일로 쉽게 추측할 수 있다. 축적된 연구는 대륙의 춘추 전국 시대가 바로 그 시기라고 판단한다.

전통건축을 용도 기준으로 나누면 궁궐, 서원, 사찰, 민가 등 다양하다. 그러나 사소한 차이를 걷어낸다면 건물의 기본 구조와 구성 요소는 거의 같다. 커피를 담든 주스를 담든, 모양이 같은 종이컵을 떠올리게 한다. 전통건축도 수많은 목수들이 머리를 싸매고 지역과 상황에 맞춰 조금씩 변화시키며 만든 구조물들이다. 제한된 연장과 기술력의 한계에서 거의 최적화를 이룬 구조물일 것이다.

만약 이들이 진화의 과정을 거쳤다면 그것은 앞에 놓인 어떤 문제들을 해결하는 과정이었을 것이다. 끊임없이 새로 등장하는 문제들이 있었을 것이다. 그 해결 방식도 경제성을 목표로 하고 합리성을 도구로 했을 것이다. 덮고 있는 기와와 단청을 머릿속에서 걷어내고 맨 처음으로 가보자.

지붕의 탄생

집채만 한 우산

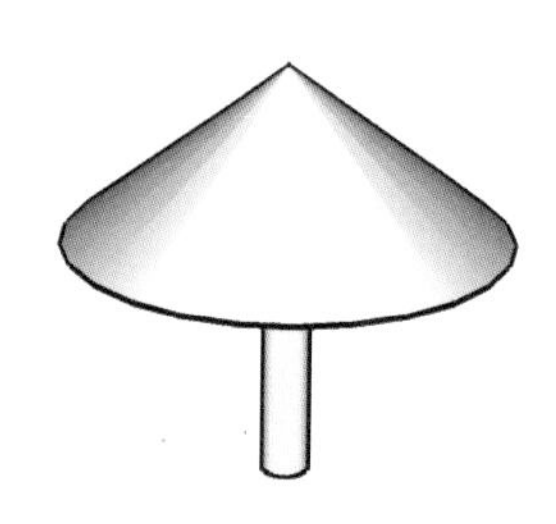

우산의 크기를 열 배쯤 키우면 이런 우산이 튀어나온다. 크기가 그리 커졌으니 더 이상 우산이라고 부르기는 적절치 않겠다. 가운데에 기둥을 세운 원두막이라고 불러야 옳을 일이다.

이 원두막은 불안정하다. 가분수의 구조물이기 때문이다. 펼친 우산을 손바닥에 올려놓으면 옆으로 넘어진다. 그래서 우산을 쓸 때는 우산대를 손으로 꼭 쥐어야 한다. 손으로 쥔 우산처럼 원두막이 쓰러지지 않게 하는 방법은 무엇일까. 땅을 파고 기둥을 묻는 것이다.

안정적이기 위해서는 땅을 깊이 파야 한다. 문제는 깊이 팔수록 기둥의 길이가 길어져야 한다는 것이다. 긴 부재는 구하기 어렵다. 키 큰 나무가 숲에 많지 않기 때문이다. 또 다른 문제는 되메운 부분의 신뢰도가 떨어진다는 것이다. 아무리 단단히 되메워도 여전히 허약한 손목으로 우산대를 쥔 꼴일 수밖에 없다.

우산은 최소한의 부재를 사용해서 만든 것이다. 그렇다 보니 바람이 세면 뒤집어진다. 뒤집어진 우산이야 다시 펴면 된다.

하지만 건물이 뒤집어지고 넘어진다면 그 안에서 코 골며 잠자던 사람의 생명은 보장할 길이 없다. 기둥 가운데 세운 가분수형 원두막은 집으로서 만족스런 해결책이 아니다. 다른 수를 찾아보자.

기둥을 하나 더 세워보자. 양쪽 기둥 방향으로는 넘어지지 않는다. 하지만 직각 방향으로는 원두막에 비해 나아진 바가 없다. 게다가 아직 기둥 두 개로는 제대로 된 실내 공간을 만들 수 없다.

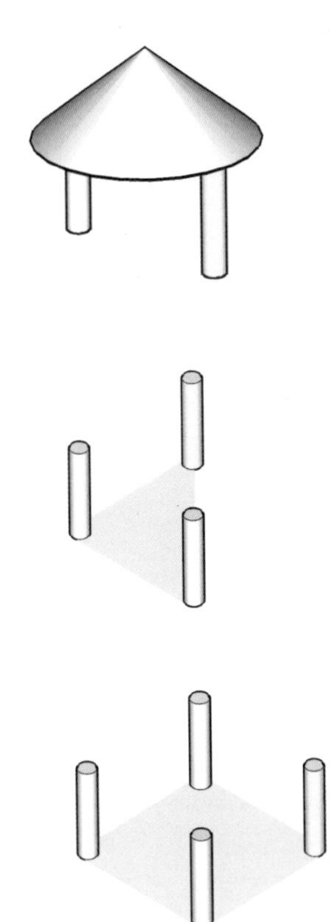

기둥을 하나 더 세워보자. 우리는 삼각형 평면을 얻었다. 바람이 어느 방향에서 불어와도 충분히 버틸 수 있게 되었다. 삼각형은 내부에 공간을 만들어내는 최소한의 도형이다. 그런데 이 삼각형은 만들기가 쉽지 않다. 정교하게 부재를 재단하여 조립하지 않으면 원하던 모양이 아닌 정체불명의 도형이 등장하게 된다. 삼각형에는 정삼각형, 이등변삼각형, 직각삼각형 외에도 이름을 붙일 수 없는 수많은 삼각형이 존재한다. 정삼각형을 기대했는데 직각삼각형이 등장할 수가 있다.

자연스럽게 기둥 하나를 더 놓는 실험이 있었을 것이다. 평면은 사각형이 되었다. 기둥 하나를 더 넣었을 뿐인데 내부 공간의 크기는 대폭 늘어났다. 정삼각형과 비교하여 한 변의 길이가 같은 정사각형의 면적은 두 배가 훨씬 넘는다. 계산하면 2.3배•다. 게다가 잡다한 각도가 존재하는 삼각형과 달리 사각형에는 단 한 종류의 각도만 존재한다. 직각은 만들기도 훨씬 쉽다.

우리에게 가장 원만한 대안은 기둥 네 개다. 네 개의 기둥이 각 모서리에 자리 잡고 있는 사각형이다. 이제는 원두막이 아니라 정자라고 부르는 것이 좋겠다. 우리는 어느 정도 익숙한 건물의 모양에 이르렀다.

지붕에 떨어지는 빗물을 땅으로 흘려보내야 한다는 요구 조건은 여전히 유효하다. 지붕은 비를 흘려보내려면 경사를 가져야 한다. 요즘은 석유화학 제품으로 만든 뛰어난 방수 재료가 많다. 이런 방수 재료로 덮인 지붕도 평평해 보이기는 해도 결국 다 경사를 갖고 있다. 천천히 흐른다 해도 빗물을 홈통을 거쳐 지표면

• 길이가 1인 정사각형의 면적은 1이다. 삼각형의 면적을 구하는 방법은 많으나 고등학교 시절 배운 〈헤론의 공식〉을 되살려 계산해보자. 길이가 a, b, c인 삼각형의 면적 S를 구할 때 $s=(a+b+c)/2$라고 하면 $S=\sqrt{s(s-a)(s-b)(s-c)}$다. 우리의 정삼각형에서는 a, b, c가 각각 1이므로 s는 1.5고 결국 S는 0.43이다. 1은 0.43의 2.3배다. 여기서 굳이 〈헤론의 공식〉을 등장시킨 이유는 뒤에서 설명할 배흘림 기둥과 연관이 있기 때문이다.

이나 하수구로 흘려보내야 한다. 건물 하자의 최고 순위가 누수다. 가장 흔히 발생하고 눈에 잘 띄고 불편하고 잡기도 어렵다. 방수 재료가 신통치 않다면 물을 빨리 흘려보내야 한다.

지붕 모양을 결정하자. 이야기를 우산에서 시작했으니 우산같이 동그란 모임지붕을 생각할 수도 있기는 하다. 동그란 움집이 생각나는 시점이다. 잔가지를 대강 엮어 만든 집이다. 그러나 제대로 된 목재로 만든다면 다른 생각을 요구한다. 원형 모임지붕은 만들기가 불가능하지는 않으나 대단히 어렵다. 나무를 깎아서 방사형을 만들어야 하는 상황이니 각 단위 부재가 모두 정교하게 동일한 치수를 갖고 있어야 한다. 만만한 작업이 아니다. 대안이 있다면 굳이 선택을 할 필요가 없다.

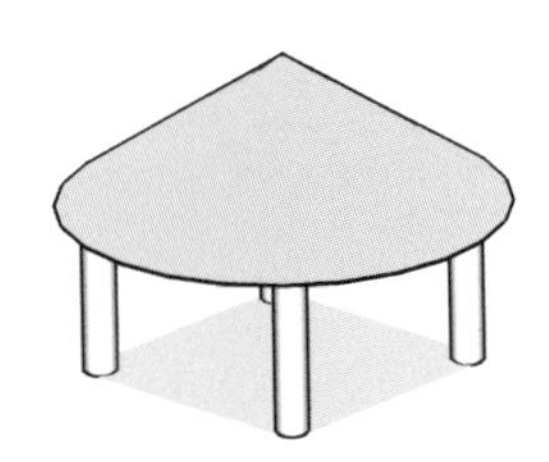

만난을 극복하고라도 원형 모임지붕이 요구되는 상황이 있기는 했다. 스스로 사람과 하늘 사이에 존재한다고 믿은 중국의 황제가 요구하고 성취한 형태였다. 하늘은 둥글다는 믿음에서 하늘을

베이징의 천단
목조건물로는 참으로 보기 드물게
원형 평면과 원형 모임지붕을 갖고 있다.

건물로 표현하려니 둥근 평면이 필요했고 지붕이 여기 맞춰져야 했다. 그 결과물이 베이징의 천단天壇이다.

땅 위에 건물을 짓는 현실로 돌아오자. 평면이 사각형이면 두 가지 방법으로 지붕을 얹을 수 있다. 우선 건물 중심이 가장 높이 솟은 사각지붕이 있다. 네모난 우산이라고 해도 되겠다. 모임지붕이라고 부르는 것이다. 네 개의 삼각형 지붕면이 필요하다. 이 네 면이 만나서 **네 개의 모서리**[1]를 만든다. 이 모서리는 건물 꼭대기에서 다시 모인다.

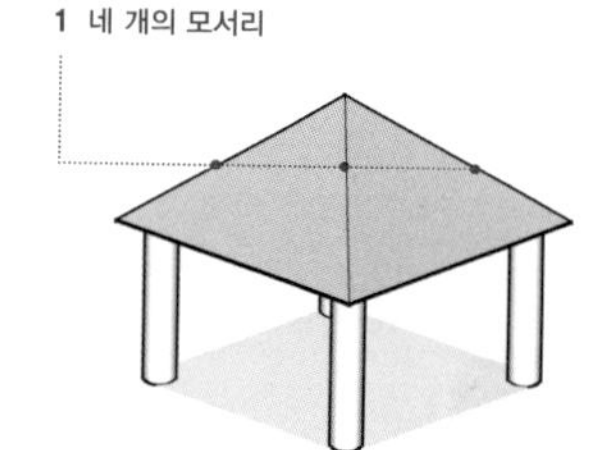
1 네 개의 모서리

모임지붕의 대안은 두 개의 면으로 이루어진 경사지붕이다. 책을 펼쳐 평면 위에 엎어놓은 모양이다. 이건 그냥 경사지붕이라고 불러도 된다. 경사지붕에서는 두 개의 경사면이 **단 한 개의 모서리**[2]를 만든다.

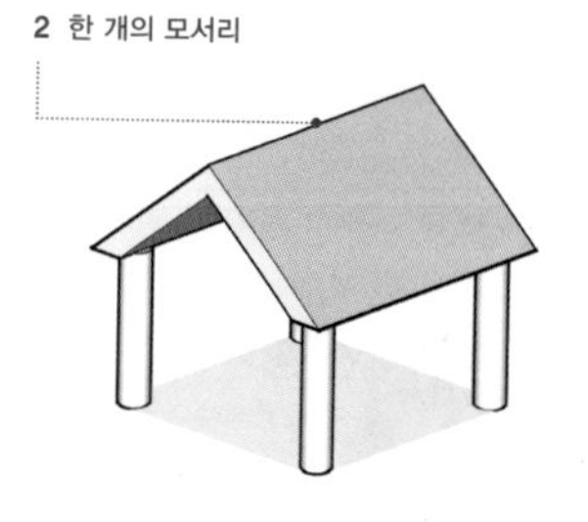
2 한 개의 모서리

이제 선택이 남았다. 네 개의 면, 네 개의 모서리, 그리고 한 곳의 꼭짓점을 가진 모임지붕이 있다. 그리고 두 개의 면, 한 개의 모서리를 가진 경사지붕이 있다. 전통건축에서 선택된 것은 경사지붕이다. 이유는 간단하다. 만드는 방법이 더 간단하기 때문이다. 모임지붕의 꼭짓점 부분은 모서리보다 만들기가 더 어렵다. 당연히 물이 새지 않도록 하기도 어렵다. 굳이 고난도 기

교를 과시할 목적이 없다면 모임지붕을 선택할 필요가 없다.

모임지붕이 갖는 장점도 있다. 완결된 모습을 갖고 있다는 것이다. 더 이상 움직이고 조정할 가능성이 없는 모습이다. 그래서 모임지붕은 널따란 배경에 혼자 독야청청 피사체로 서있는 정자에 적용되던 지붕 모습이다.

그러나 이 완결성은 바로 단점이기도 하다. 모임지붕은 직사각형 평면이 아닌 정사각형 평면에 올려놓는 것이다. 정사각형은 한 변의 길이가 다른 변의 길이를 모조리 규정해버린다. 대단히 자족적이고 배타적인 도형이다. 더 이상 움직이고 조정할 구

창덕궁 후원의 애련정
네 개의 삼각형이 만나는 가운데 지붕의 꼭짓점에는 절병통이라는 특별한 부재를 얹어야 한다. 그래서 아무 곳에서나 쉽게 선택할 수 없는 형식이다.

국립중앙박물관 소장

조선 시대 이인문의 산정일장도山靜日長圖**에 등장하는 모임지붕과 경사지붕**
모두 초가이기는 하나 면들이 모이는 모서리가 취약하므로 뭔가를 덧대야 하는 상황을 설명하고 있다. 짚 대신 기와가 얹히기 시작했을 때 지붕 전체가 아니고 저 취약부에 먼저 얹히기 시작했을 것이다.

석이 없다. 모임지붕은 자유롭지 않다. 정확히 말하면 만드는 사람을 자유롭게 하지 않는다.

직사각형을 보자. 서로 다른 길이를 갖는 두 종류의 변으로 이루어져 있다. 정사각형은 1:1이라는 단 하나의 비례만 허용하는데 비해 직사각형에는 셀 수 없이 많은 비례가 존재한다. 다양한 선택은 단 하나의 선택보다 더 자유롭다. 경사지붕은 어느 사각형 평면에나 쉽게 구현할 수 있다. 물론 정사각형 평면에도 올려놓을 수 있다. 이제 이 자유로운 도형과 지붕의 관계를 들여다보자. 이를 위해 사각형을 다시 분해해보자.

평면 위에 두 개의 점이 있다. 두 점의 간격은 가까울 수도 있고 멀 수도 있다. 그 차이는 시각적인 것이다. 보는 사람에 따라 보기에 좋다고도, 거슬린다고도 말할 수 있다. 그게 무슨 문제냐고 따지는 사람도 있을 것이다. 세상에는 신경 쓸 다른 문제가 산적해있는데.

두 점의 간격은 참으로 사소한 문제에 지나지 않을 수 있다. 그러나 도면에 찍힌 점은 집을 지을 때는 기둥이 된다. 기둥이 되어도 아직 그 차이는 시각적인 것이다. 여기까지는 화가나 조각가의 입장이라고 볼 수 있다. 그러나 이 기둥 위에 수평 부재를 하나 얹어놓는 순간 입장은 건축가의 것으로 바뀐다. 바로 첫 목수의 첫 고민이 시작되는 지점이다.

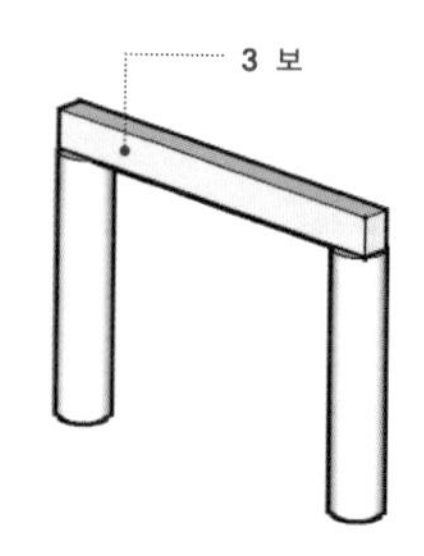

이 수평 부재를 일컫는 이름이 **보**[3]다. 들보라고 부르기도 한다. 이 들보라는 건축 부재 중에서 역사적으로 가장 유명한 것을 만나보자. 지금부터 약 2000년 전 메소포타미아 지방에서 벌어진 일을 서술한 책이 있다.

물과
시간의
공격

사각형의 계보

어찌하여 형제의 눈 속에 있는 티는 보고 네 눈 속에 있는 들보는 깨닫지 못하느냐.•

이것은 《신약성서》에 나오는 유명한 일갈이다. 사람의 눈 속에 들보가 들어가있다니. 보아 뱀의 뱃속에 들어가있다는 코끼리보다 과장이 심하다. 중역이 이어지면서 문장은 좀 과격해졌지만 그리스어 원문은 훨씬 부드럽다.

형제의 눈앞에 있는 잔가지[κάρφος, karphos]는 보면서 네 눈앞에 있는 들보[δοκός, dokos]는 왜 보지 못하느냐.

예수의 가족 공방 대청소 날 게으름을 피우며 말만 앞세우는 누군가가 있었던 모양이다.

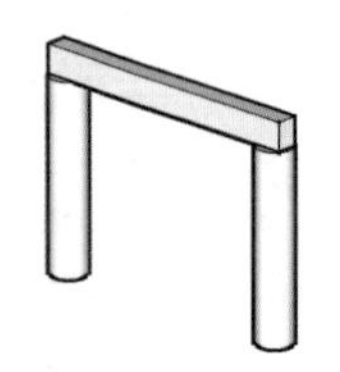

보는 지붕을 받치기 위해 존재한다. 보는 기둥 위에 얹힌다. 이 기둥의 간격이 보의 크기를 요구하는 변수다. 그러므로 보의

• 〈마태복음〉 7장 3절 혹은 〈누가복음〉 6장 41절, 개역개정판.

크기는 기둥의 위치와 간격을 구속하는 구조체이기도 하다.

전통건축에서는 보의 최대 크기에 의해 기둥 간격이 규정되는 것이 일반적이다. 보의 수직적 크기를 **춤**[1]이라고 부른다. 요즘은 영어 표현을 따라 깊이depth라고도 한다. 기둥 간격이 두 배가 되면 보가 감당해야 하는 응력은 네 배가 된다. 제곱에 비례하는 것이다. 따라서 보의 춤은 커져야 한다.

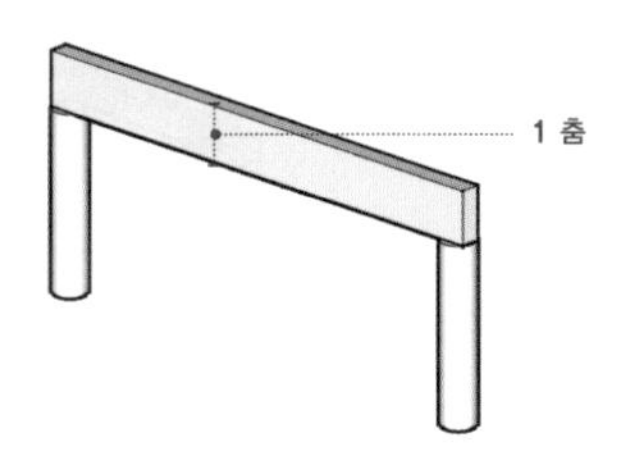

우리는 기둥 네 개의 사각형 평면을 갖고 있다. 여기에 얹으려면 네 개의 보가 필요하다. 필요한 보의 크기를 가늠하며 목수는 도끼를 들고 숲으로 떠났다. 그러나 숲은 백화점 진열장과 달라, 지름 한 뼘, 두 뼘, 세 뼘의 다채로운 나무들이 골라잡기 편한 모습으로 도열해있는 곳이 아니다.

굵은 나무일수록 희귀하다. 기둥의 간격이 조금 넓어지면 보 하나가 감당할 응력은 성큼 커진다. 찾아내야 하는 나무의 희소성은 감당하기 어려울 정도로 커진다. 덩달아 목수가 훑어내야 할 숲의 면적도 훨씬 넓어진다.

목수는 보로 쓸 부재 네 개를 간신히 구했다. 크기가 조금씩 다르겠지만 참으로 운이 좋아 그중 한두 개는 보기 드물게 튼실한 부재일 수도 있다. 이들을 우리의 기둥 위에 올려놓자. 우선 정사각형 평면 위에 올려보자.

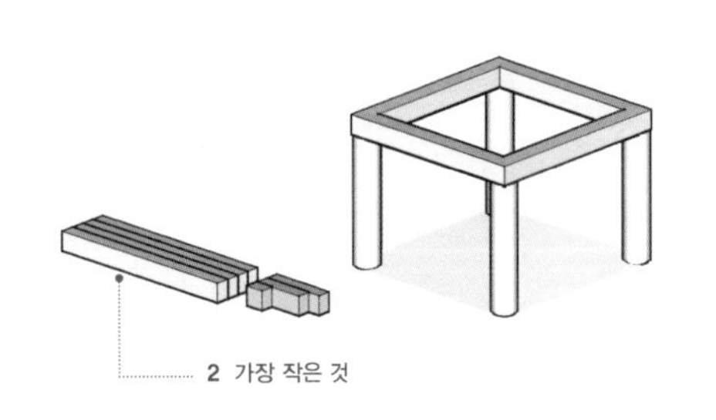

정사각형은 각 변의 길이가 꼭 같아서 그렇게 부른다. 이 평면에서 그 전체 크기를 규정하는 것은 네 개의 보 중 **가장 작은 것**[2]이다. 아무리 운 좋게 아름드리 부재를 구해왔다고 해도 결국 평면의 크기는 최소 부재가 결정해버린다.

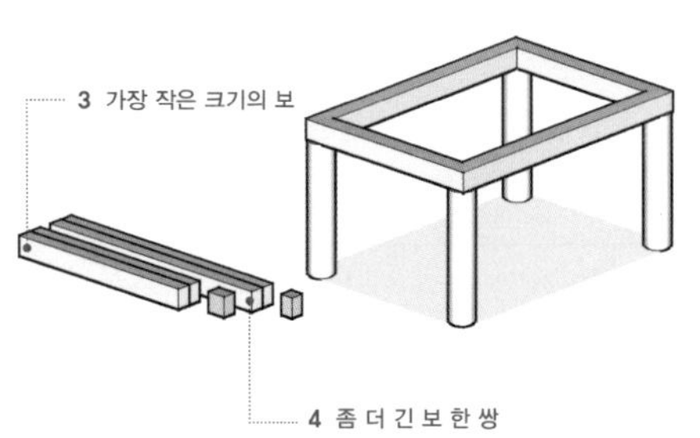

그러나 직사각형 평면에서는 두 쌍의 변이 존재한다. **가장 작은 크기의 보**[3]는 짧은 변 위에 올려놓으면 된다. 다른 방향의 변에는 **좀 더 긴 보 한 쌍**[4]을 조합해 올려놓으면 된다. 운 좋게 구한 튼실한 부재가 그나마 제대로 대접을 받게 되었다.

목수가 돌아다녀야 할 숲의 면적은 평면에 따라 다르다. 정사각형 평면이면 요구되는 최소 크기를 넘는 나무 네 개를 만나기 위해 더 열심히, 오래, 넓게 돌아다녀야 한다. 목수의 선택은 뚜렷해진다. 목수가 머릿속에 그려넣은 네 개의 점은 직사각형을 이룰 것이다. 나무들이 고만고만하므로 정사각형을 크게 벗어나지는 못한 직사각형일 것이다. 그러나 지금 우리는 한 뼘이 아쉽다.

지붕의 분화

허공을 가로지르는 방식의 역사.

동서양의 건축사 책에서 군더더기를 다 추려내면 딱 이 문장만 남는다. 제한된 재료로 얼마나 더 넓은 공간을 만들 수 있을까. 보는 그래서 동서양 건축사에서 가장 중요하고 유서 깊은 부재다. 기초가 중요한 이유는 기둥을 받치기 때문이고, 기둥이 중요한 이유는 결국 보를 받치기 때문이다.

보의 길이를 가늠하며 만든 평면 위에 경사지붕을 얹어보자. 그러려니 아직 결정해야 할 문제가 하나 더 남아있다. 그것은 직사각형 평면과 경사지붕이 모두 방향성을 갖고 있기 때문에 생기는 문제다. 경사지붕에서는 경사면이 접힌 모서리, 즉 **용마루**[1]가 생긴다. 이 용마루의 방향을 직사각형 평면의 어느 방향과 맞춰야 할까. 단변? 혹은 장변?

차이는 무엇일까. 같은 경사도라면 **지붕면**[2]의 넓이는 같다. 달라지는 것은 접힌 모서리, 즉 용마루의 높이다. 용마루가 장변 방향으로 놓이면 그 **높이**[3]가 낮아진다. 용마루가 낮아진다는 것은 지붕의 부피가 작아진다는 것이고, 우리에게 더 짧은 부재, 혹은 더 적은 부재가 필요해진다는 것이다. 빗물이 땅에 떨어지

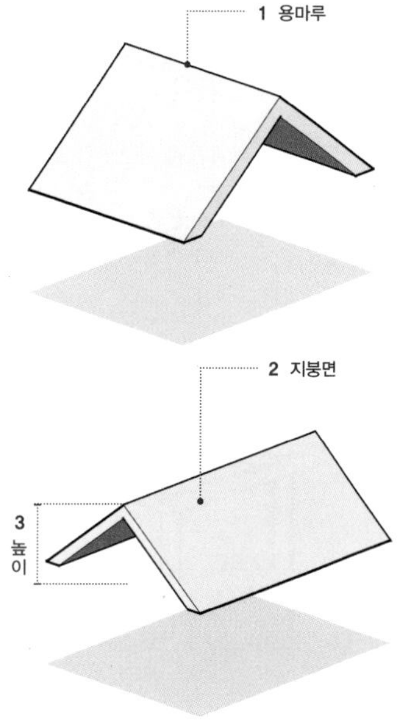

4 이동해야 하는 거리

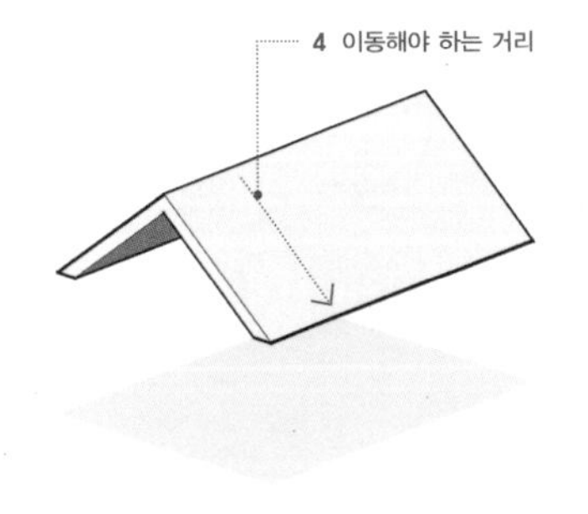

기 위해 **이동해야 하는 거리**[4]도 줄어든다. 그만큼 지붕 어딘가에서 빗물이 샐 가능성이 낮아짐을 의미하기도 한다.

굳이 재료를 낭비하며 위험을 감수할 필요가 없다. 어느 것이 더 합리적인 판단인지 결론은 명확하다. 지붕의 진화는 평면의 장변 방향으로 놓은 용마루를 선택했다. 이제 우리는 우산도 원두막도 아니고 집이라고 불러도 좋을 만큼 익숙한 모습의 구조물을 얻게 되었다.

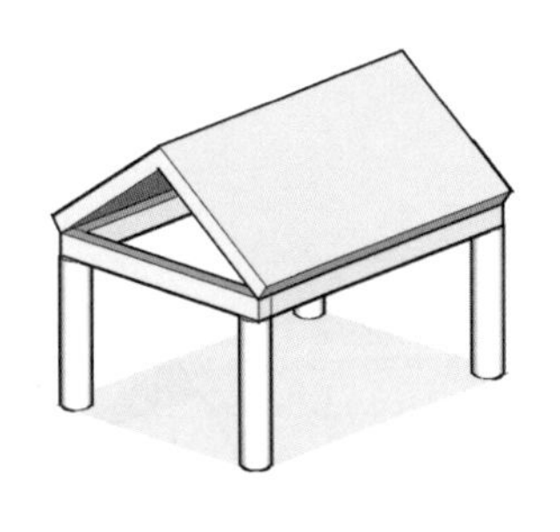

그런데 이 건물은 아직 크기가 좀 작다. 우산도 누군가와 함께 써야 할 경우가 있다. 우산은 가끔 함께 쓰는 것이니 큰 문제가 될 것은 없다. 때로는 그 누군가와 꼭 붙어있게 되는 구실이 마련되는 것이 더 좋기도 하다. 그게 거북하다면 훨씬 더 큰 우산을 장만해야 한다. 집은 가끔이 아니고 거의 항상 누군가와 함께 써야 한다. 가족과는 수십 년을 함께 쓴다. 더 넓은 집이 필요하다. 만들어보자.

방법은 두 가지가 있다. 기존의 직사각형을 어떤 방향으로 증식시키느냐는 것이다. 장변, 혹은 단변.

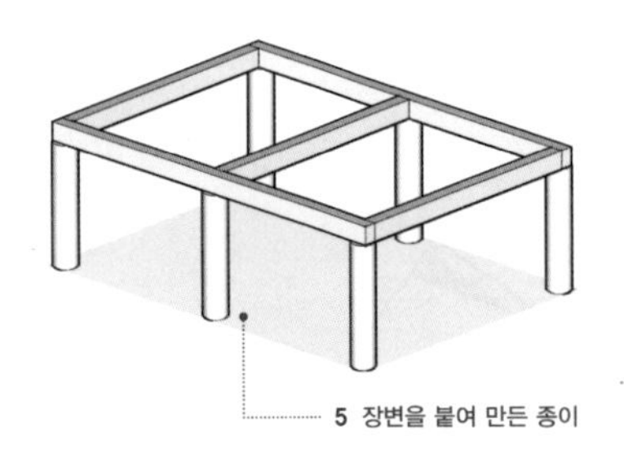

5 장변을 붙여 만든 종이

이해하기 쉽게 인쇄용지 두 장을 이어붙인다고 생각해보자. A4용지 두 장의 **장변을 붙여 만든 종이**[5]는 A3용지라고 부른다.

덩치는 훨씬 커졌지만 기존 평면의 비례를 유지하고 있으니 유전자를 물려받은 게 확실하다.

단변을 이어붙여 더 긴 직사각형[6]을 만들면 어떨까. 이건 특별한 이름이 없다. A4용지의 비례는 사라졌고, 그냥 길게 이어붙인 두 장의 A4용지다. 유전자가 달라 보이는 이 종이에 이름을 붙여보자. B는 이미 B4, B3라는 다른 크기의 시리즈가 있다. 그러니 이건 그냥 C라고 부르자. C3용지.

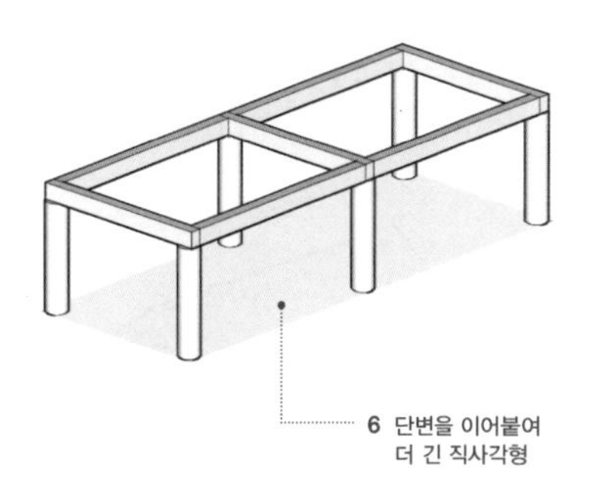
6 단변을 이어붙여 더 긴 직사각형

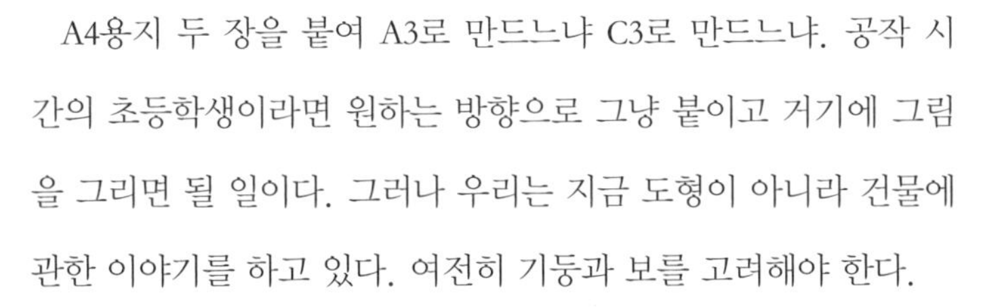

A4용지 두 장을 붙여 A3로 만드느냐 C3로 만드느냐. 공작 시간의 초등학생이라면 원하는 방향으로 그냥 붙이고 거기에 그림을 그리면 될 일이다. 그러나 우리는 지금 도형이 아니라 건물에 관한 이야기를 하고 있다. 여전히 기둥과 보를 고려해야 한다.

두 경우 모두 필요한 기둥의 합은 여섯 개다. 보는 일곱 개다. 기둥 두 개에 보 세 개를 새로 구하면 넓이 두 배의 공간을 만들 수 있는 것이다. 여기서 덜미를 쥐고 있는 변수는 여전히 지붕이다. 이미 **용마루**[7] 방향에서 살펴본 것처럼 지붕의 부피가 커지면 필요한 부재가 많아진다.

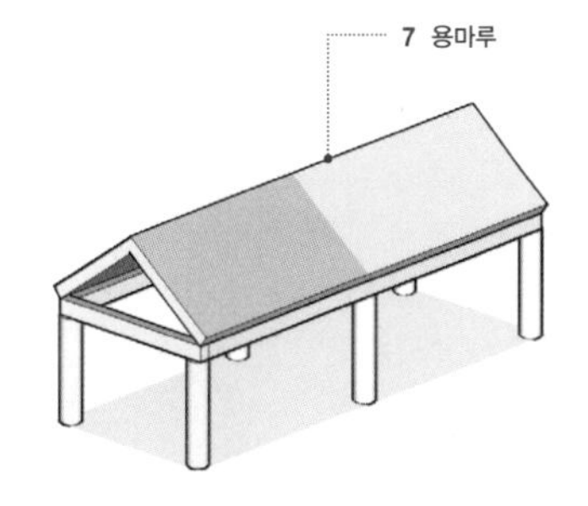
7 용마루

입체로 그려보면 지붕의 크기 차이가 드러난다. 우선 C3형 건물을 지붕까지 포함해서 그려보자. 경사지붕을 가진 A4형 평면

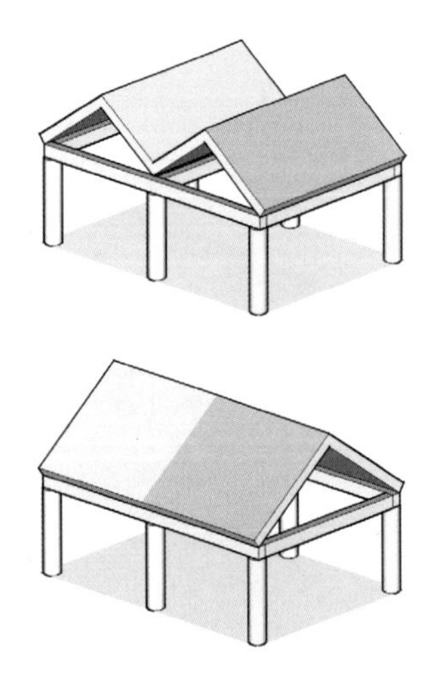

두 개가 길게 연접해있다. 이번에는 이 건물의 한허리를 잘라내어 그 평면을 A3형으로 다시 붙여보자. 면적은 같되 모양이 달라진다. ㅅ 자 모양의 지붕 두 개가 처마를 맞대고 배치된다. 지붕이 만나는 곳의 빗물 처리가 곤란해진다. 대안은 용마루 방향을 바꾸고 더 큰 지붕을 만드는 것이다. 더 길고 더 많은 부재가 필요하다.

이야기는 아직 끝나지 않았다. 건물이 이렇게 간단히 두 칸으로만 끝나는 경우는 별로 없다. 규모를 키울수록 차이점이 부각된다. 두 종류를 더 키워 A0와 C0의 크기라고 생각하자. A0는 여전히 A4의 비례를 갖고 있다. 덩치만 훨씬 커졌다. C0는 A4를 옆으로 길게 이어붙인 모양이다. A0 건물의 예는 경복궁 경회루가 있고 C0 건물의 예는 종묘가 있다.

경회루와 종묘 중 어느 건물이 만들기 손쉬울까. 어느 건물이 더 적은 부재를 조합해서 만들 수 있을까. 자명한 답은 종묘다. 그렇다면 경회루는 왜 종묘처럼 만들지 않았을까. 왜 굳이 그렇게 큰 부재를 사용하며 어려운 길을 가야 했을까.

사각형의 증식

염불보다 잿밥에 관심이 많다.

이 속담은 염불이라는 의례와 잿밥이라는 일상을 대비시킨다. 건물도 염불을 위한 것과 잿밥을 위한 것이 달랐다.

건물이 담아야 할 용도와 가치가 다르다면 필요한 공간의 크기와 모습도 다를 수밖에 없다. 판단을 해보자. **A형 건물**[1]은 비례가 우아하지만 더 길고 큰 부재들이 많이 필요하다. 만들기 어렵다. **C형 건물**[2]은 보기에 생소하지만 훨씬 더 경제적이고 안전하게 만들 수 있다.

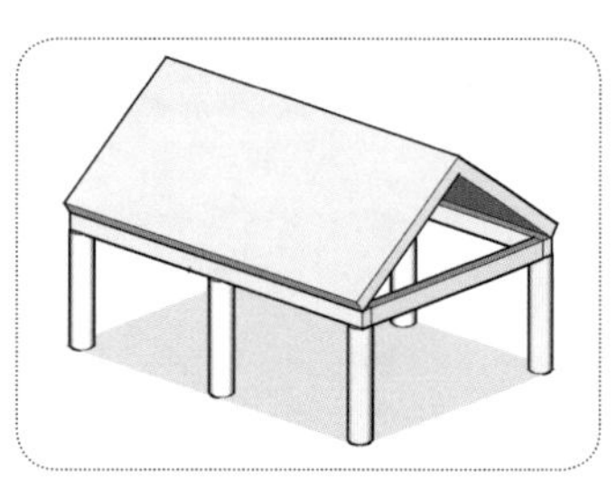
1 A형 건물

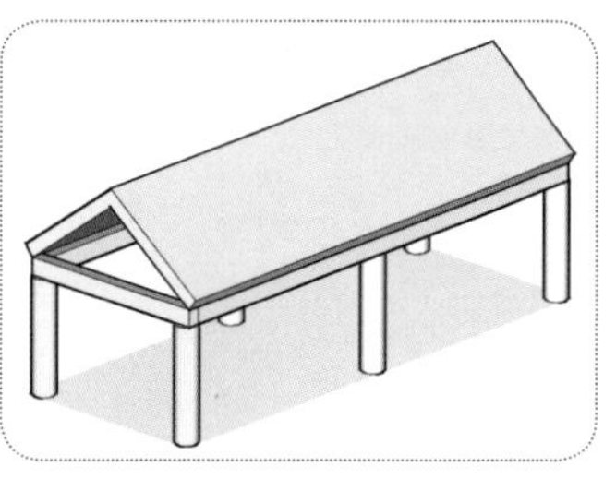
2 C형 건물

누가 주저없이 A형 건물을 요구할 것인가. 납세자들이 자신들의 혈세 낭비를 성토할 수 있는 시대가 도래하기 전에 딱 한 사람이 있었는데, 바로 임금님이었다. 임금님이 베푸는 연회를 열차 식당 칸 같은 공간에서 진행할 수는 없었다. 능률과 실질보다 영광과 권위가 필요한 궁궐에서는 A형 공간을 선택했다. 절대자의 초월적 공간을 기부금을 통해 구현하려던 사찰과 서원의 중심 건물도 A형 공간을 선택했다. 말하자면 염불의 공간들이다. 그중 가장 큰 건물이 경회루였다.

한편 민초들에게는 별 대안이 없었다. 먹고사는 잿밥의 기능

을 위해서는 싸고 안전한 C형의 공간으로 충분했다. 아무리 권문세족이어도 많이 자유롭지는 않았다. 주택으로는 C형 건물을 선택했다. 궁궐이나 사찰과 비교하면, 민가는 전혀 다른 모습으로 진화하기 시작했다. 그 진화의 상황은 이 책의 후반부에서 설명할 것이다.

종묘를 보자. 성리학을 숭상한 조선 시대에 가장 중요한 의식은 종묘제례였다. 종묘는 왕조의 가장 중요한 의전 공간이다. 그렇다면 종묘는 왜 경회루처럼 만들지 않았을까. 가장 극단적인 C형 공간을 선택한 이유는 무엇이었을까.

조선 초기의 정치 엘리트들은 새로운 왕조가 천세를 누리고 만

세를 누리며 이어나갈 것을 노래했다. 그러나 긴 장마도 어느덧 멎는다. 진정 영원히 유지될 왕조는 세상 어디에도 없다는 것을 이들이 모를 리가 없었다. 그렇다고 언제쯤 이 왕조의 수명이 다할 것이라고 넘겨짚을 수도 없었다. 문제가 되는 것은 왕조의 신주를 모시는 공간이었다. 도대체 신주들이 얼마나 들어설지 예측할 수가 없는 것이다. 증축이 문제였다.

대안은 두 가지였다. 새로운 건물을 만들든지 기존 건물의 크기를 키우는 것이다. 처음 선택한 방법은 새로운 건물을 만드는 것으로, 그렇게 만든 건물의 이름은 영녕전永寧殿이다. 종묘의 원래 정전과 영녕전은 임진왜란 때 모두 불탔다. 어떤 모양이었는

종묘 정전
종묘 정전은 증축에 증축을 거쳐 오늘에 이르렀다. 증축이 가능한 건축 형식이 마련되지 않았다면 계속 새 건물을 옆에 신축해야 했을 것이다.

3 월대

지 지금 알 길은 없다.

광해군 때 새로 지으면서 증축의 질문은 다시 부각되었을 것이다. 불탄 원래 건물의 형식대로 다시 짓는다는 원칙은 있었다. 그러나 A형은 평면을 마음대로 키울 수 없다. 비례를 유지해야 한다면 증축은 불가능하고 오직 신축만 가능하다. 이번에는 두 번째 방법, 기존 건물의 크기를 키우는 방법도 고려되었을 것이다. C형은 무한 증식이 가능하다. 기존 건물의 옆에 열차 칸 매달듯이 새로 덧대면 되기 때문이다.

건물은 C형에 해당하는 형식으로 지어졌다. 수평 증축의 가능성이 가장 열려있는 형식으로 지붕 모양도 결정이 되었다. 그 간단한 경사지붕의 모양을 우리는 맞배지붕이라고 부른다. 실제로 정전도 영녕전도 모두 원만히 증축의 요구를 담아냈다. 오늘 우리가 보는 종묘의 모습이다.

건물의 형식이 C형으로 결정되었을 때 문제는 필요한 제례를 행할 공간의 깊이가 부족하다는 것이다. 그래서 중요해진 것이 정전 앞의 박석 깔린 **월대**月臺, podium 3다. 정전은 죽은 자의 공간이고 월대는 산 자의 공간이다. 산 자의 위계 구분만큼 월대의 공간도 나뉘게 되었다. 이 월대는 정전만큼 중요하고 월대의 제례는 정전의 신주만큼 중요하다. 그래서 지금 세계문화유산으로 등록된 종묘는 정전, 월대로 이루어진 물리적 공간과 제례라는 정신적 의식을 모두 포함하고 있는 것이다.

침식의 힘

가랑비에 옷 젖는 줄 모른다.

땅에 새겨진 물의 힘
더불어 필요한 것이 시간이었다. 이 물은 증발하여 비가 되고 이번에는 지붕에 떨어진다.

가랑비를 무시하면 이런 낭패스런 사건이 벌어진다. 끝내 옷을 젖게 만드는 두 변수는 물과 시간이다. 수적천석水滴穿石, 물방울이 돌을 뚫는다고 했다. 그 힘이 어느 정도인지는 미국의 그랜드 캐니언을 생각하면 간단하다. 인간이 자기들 마음대로 콜로라도 강이라고 부르는 물줄기가 수백만 년 동안 땅을 침식시켜 만든 결과물이다. 호모에렉투스가 아직 아프리카를 벗어나지도 못했

여기 콜로라도 강이 흐른다.

기둥의 바깥 면에 백색풍화가 더 심하다는 것을 알 수 있다. 다음 단계는 부식이다.

양산 통도사 개산조당의 기둥들
풍화된 방식을 보면 어느 부분이 취약하고 지붕은 어떤 모습이 되어야 하는지 알 수 있다.

을 때부터 시작된 일이라니 긴 세월이기는 하다. 결국 물은 돌을 뚫는다. 그런데 이 물이 이번에는 지붕에 떨어진다.

지붕은 건물 내부에 비가 들이치는 것을 막아주어야 한다. 동시에 구조체가 젖지 않도록 막아주어야 한다. 사실 보는 지붕의 아랫면에 바로 붙어있으므로 크게 걱정할 게 없다. 그러나 기둥은 좀 다르다. 빗물이 곱게 수직으로만 떨어져주지 않으니 들이치는 비에 기둥 아랫부분이 젖는다. 아무리 우산을 써도 발목이 젖는 것과 같다. 결국 기둥은 썩는다.

자연의 설계는 모든 것을 시작도 끝도 없는 자연의 부분으로

쉽게 볼 수 있는 기와집 모서리
기둥 아래에 이렇게 기와를 갖다 댄 것은 비 오는 날 우리가 목이 긴 장화를 신는 것과 이유가 같다. 종아리가 젖으면 불쾌하지만 기둥이 젖으면 썩어 건물이 무너진다.

되돌려놓는 것이다. 숲 속에서 천수를 누리고 쓰러진 고목은 자연의 순환체계에 따라 썩게 마련이다. 그 작동의 조건은 부패다. 곰팡이와 세균의 왕성한 역할을 위해서는 수분이 절대적으로 필요하다.

인간은 멀쩡한 나무들을 숲에서 잘라와서는 자신들이 살 집의 재료로 바꾸어놓았다. 곰팡이와 세균의 입장에서는 그 대상이 숲 속의 사목인지, 목수가 잘라온 기둥인지 알 길이 없다. 그냥 자연의 원리에 충실할 따름이다. 그러나 인간의 입장에서는 기둥이 된 그 나무가 자연의 이치를 순순히 좇아서는 안 된다. 기둥이 썩으면 지붕도 무너진다. 기둥 하부에 썩지 않는 재료를 대든지 기둥에 들이치는 빗물을 막든지 해야 한다.

기둥의 발목을 보호하기 위해서는 지붕이 기둥 밖으로 더 뻗어 나가있어야 한다. 이렇게 뻗어나간 부분을 **처마**[1]라고 한다. 이 처마가 처한 상황은 지금까지 설명한 보의 처지와 근본적으로 다르다. 처마는 한쪽만 기둥에 지지되어있는 것이다. 허공으로 내뻗은 그 부분의 구조적 해결은 전통건축의 역사에서 가장 어렵고 위험한 도전이었다.

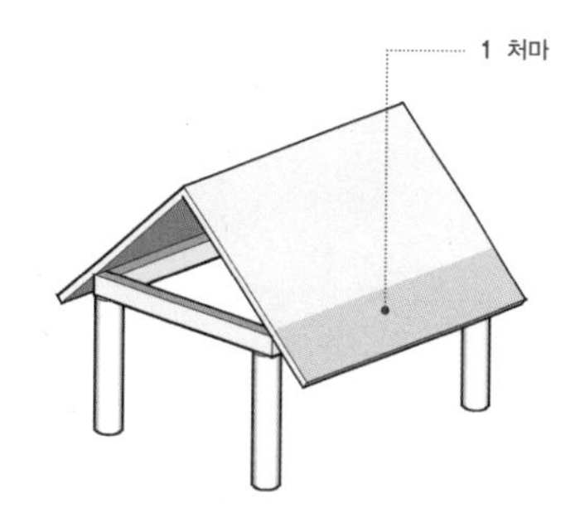

썩지 않는 재료로 기둥을 만들면 어떨까. 그런 재료가 있기는 하다. 바로 돌이다. 우리가 익히 알고 있는 고대 그리스 신전들이 돌기둥을 갖고 있다. 이 신전들도 직사각형 평면에 경사지붕을 덮은 구조물이었다. 이 지붕은 내부 공간을 비로부터 보호해주는 역할을 했다. 그러나 굳이 기둥까지 빗물로부터 보호해야 할 필요는 없었다. 그래서 고대 그리스 신전에는 처마가 없다. 그러나 우리의 재료는 나무다.

그리스의 파르테논신전
석조건물이므로 처마가 필요하지 않다.

© 이강민

이 주초들은 내부의 것들보다 높이가 높다.

밀양 영남루의 하부 주초들
외곽의 주초 높이가 높은 것은 그만큼 빗물이 튈 위험이 크기 때문이다. 지붕이 우산에 해당한다면 이 주초들은 목이 긴 장화에 해당하겠다.

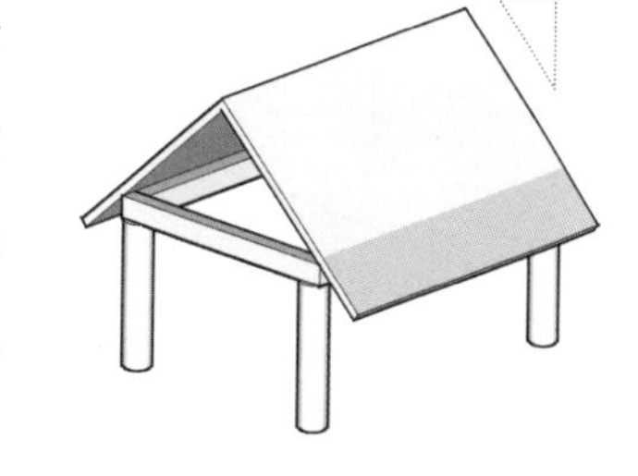

지붕의 요구 조건은 간단하고 명료하다. 떨어진 빗물을 서둘러 땅으로 흘려보내야 한다. 당연히 중간에 새는 일도 없어야 한다. 강수량이 많을수록 그 요구는 심해진다. 경사가 더 급해져야 한다. 순우리말로 하면 물매가 싸다고 표현한다. 강수량이 적다면 경사를 좀 더 완만하게 해도 된다. 물매가 뜨다고 한다.

그러나 강수량이 그리 많지 않더라도 굳이 흐르는 빗물이 지붕에 고이게 해서 좋을 일이 없다. 빗물의 배출이라는 점만 따지면 경사는 완만한 것보다 급한 것이 더 좋다. 그러나 소요 부재가 많아지므로 목재 수급의 한계 내에서 적정한 값을 찾아야 한다.

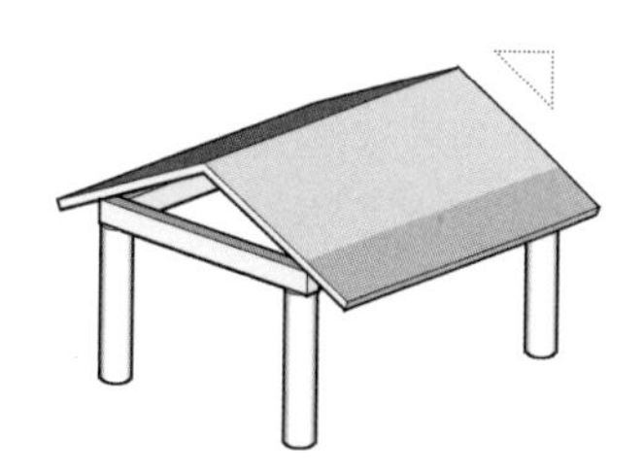

급한 경사는 처마에서 문제점을 만든다. 처마는 기둥을 보호하기 위해 밖으로 내뻗은 부분이다. 가능한 한 밖으로 길게 뻗어 나와야 한다. 그런데 지붕의 경사가 급할수록 같은 길이의 부재로 만들어 내뻗은 처마의 수평 길이가 줄어든다. 더 멀리 내뻗은 처마를 만들려면 지붕 경사가 완만해야 한다. 동일한 길이의 부재라면 수평면이 가장 멀리 내뻗은 모습이다. 경사가 급한 지붕과 완만한 처마의 모순적인 요구 문제가 발생했다.

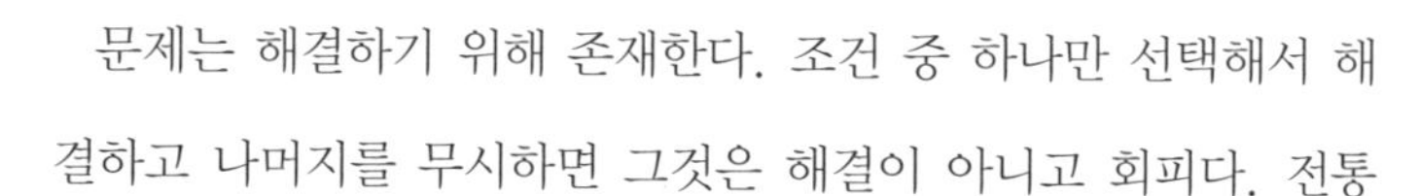

문제는 해결하기 위해 존재한다. 조건 중 하나만 선택해서 해결하고 나머지를 무시하면 그것은 해결이 아니고 회피다. 전통

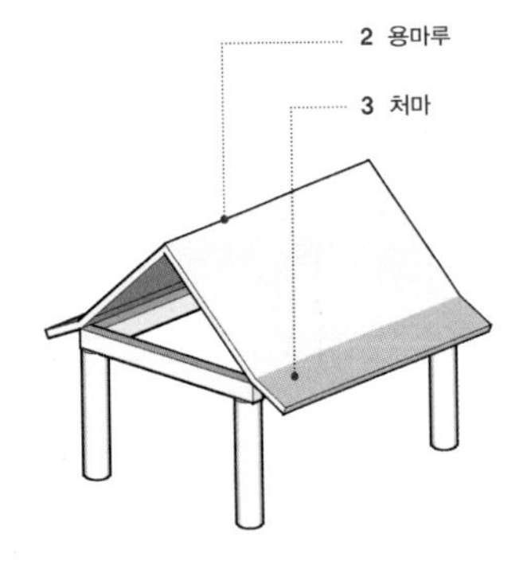

건축에서도 회피가 아닌 해결을 선택했다. 두 가지 경사의 지붕면을 조합한 것이다. **용마루**[2] 쪽에서는 급하되 **처마**[3] 쪽에서는 완만한 경사의 지붕을 만들었다. 빗물은 빠르고 처마는 길다.

지붕면에 떨어지는 빗물의 양으로 따지면 처마 쪽으로 갈수록 그 수량이 많아진다. 용마루 쪽에 내린 빗물이 점차 처마 쪽으로 흘러 더해지기 때문이다. 이런 점에서는 처마 쪽 지붕 경사가 급한 것이 더 합리적이다. 그러나 전통건축의 목수들에게는 이보다 처마의 길이로 기둥을 보호하는 문제가 더 중요하고 절박했을 것이다.

다음 문제는 절곡면의 위치다. 그림으로만 보면 가장 이상적인 위치는 처마가 시작되는 지점, 즉 기둥의 상단이다. 그러나 이는 물리적으로 불가능한 지점이다. 나무 부재의 한쪽 끝만 기둥에 걸쳐놓은 채 반대쪽을 허공에 밀어낼 수 없기 때문이다. 그래서 기둥이라는 지레받침을 중심으로 처마 반대쪽으로도 이 지붕면이 뻗어 들어와있어야 한다. 결국 그 절곡면의 위치는 **기둥 안쪽**[4]으로 들어와있다.

지금도 동남아시아에서는 이렇게 뚜렷이 다른 물매가 조합된 지붕을 찾아볼 수 있다. 이것은 대단히 직설적이고 간단한 조합

이다. 그러나 아직 이것이 최선의 해결책은 아니다. 이 복합물매 지붕의 문제는 바로 그 절곡부다.

물은 흘러야 한다. 흐른다는 것은 그 움직임이 유연한 궤적을 그린다는 것이다. 흐름을 거스르는 부분이 생기면 물은 그 부분을 고치겠다고 나선다. 이렇게 물이 자연 지형을 손보는 작용을 부르는 이름은 침식이다. 두 경사면을 붙여 생긴 절곡부는 물의 유연한 흐름을 방해한다. 그 절곡부가 침식의 취약 지점이 되는 것이다. 대안이 또 필요해졌다.

절곡부 없이 두 개의 평면을 잇는 방법은 무엇일까. 유연한 사고가 필요했고 **유연한 곡면**[5]이 제시되었다. 흐르는 물처럼 유연하게 경사면이 변하는 지붕이 완성되었다. 그 지붕은 보기에도 우아했다.

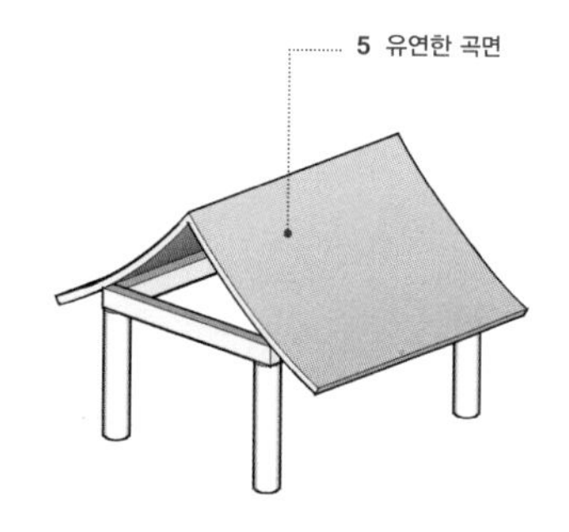

결론만 들으면 해결책은 항상 간단하다. 그 과정에 있었던 수많은 시행착오는 부각되지 않기 때문이다. 수많은 지붕이 새고 무너진 사례가 중간에 묻혀있을 것이다. 무너졌기에 지금 남아 있지 않은 것이다. 곡면 지붕은 만들기 어렵다. 직선형인 목재를 조합해서 만들어야 하기 때문이다. 그러나 만들기 어려워도 만들지 않으면 안 되는 상황이었다.

지붕의 모습을 더 살펴보기 전에 짚고 넘어갈 문제가 있다. 전통건축은 어떻게 정의하는가. 아직 모두가 동의할 수 있는 문장은 없다. 그럼에도 불구하고 막상 앞에 놓인 건물을 보면 가부를 판단할 수는 있을 것 같다. 벽으로 구조를 삼은 집도 있고 기와 대신 널이나 짚을 얹은 집도 있다. 그러나 대체로 고개를 끄덕일 만한 형태적 특징을 꼽자면, 목구조 위에 기와지붕을 얹고 있다는 것 정도다. 물론 특정한 양식의 목구조와 특정한 형태의 기와지붕이다.

목구조와 기와 중 어느 것이 먼저 등장했을까. 혹은 어느 것이 먼저 건물에 쓰일 만큼 대중화되었을까. 답은 목구조다. 지붕 얹을 목구조도 없는데 기와부터 만들었다고 볼 수는 없기 때문이다.

이제 물과 지붕의 관계를 좀 더 구체적으로 들여다보자.

세상을
덮는
방식

기와가 없던 시절

프로메테우스의 불

이것은 그리스 신화에 등장하는 가장 유명한 절도 사건의 명칭이다. 프로메테우스가 제우스로부터 불을 훔쳐서 인간에게 갖다주었다는 사연이다. 누군가 갖다주었건 스스로 발견을 했건 불은 인간의 문명을 규정하는 가장 중요한 현상이다. 우리의 전통건축도 거기서 결코 자유롭지 않다.

전통건축의 생산도구로 보면 목구조는 철기를, 기와는 가마를 필요로 한다. 철은 철광석을 녹여서, 기와는 흙을 구워서 만든다. 철과 기와의 공통점은 제조 과정상 모두 땔감을 요구한다는 것이다. 다음 문제는 그 땔감의 양이다.

철기보다는 기와의 단위 사용 규모가 크다. 만들기 위한 땔감의 양이 훨씬 더 많다. 물론 나무는 숲에 적지 않다. 마음에 드는 굵은 나무가 적어서 문제지 나무의 수효 자체가 턱없이 부족하지는 않던 시절이었다. 그렇다고 이를 가공하기 위한 불과 땔감이 아무에게나 맘 먹은 만큼 쉬 허용되는 것도 아니었다. 기와 구울 양의 땔감을 확보하기 위해 필요한 것도 철기였다. 우리의 이야기는 아직 기와가 없던 목구조의 시대에 도착해있다.

우리가 만든 것은 곡면으로 조합된 **맞배지붕**[1]이다. 지붕면에는 아직 기와 대신 나무널이나 지푸라기 수준의 재료가 얹혔을 것이다. 너와집, 초가집이 그 직계 후손들이다. 그러나 이들 재료는 방수 성능 면에서 만족스러울 수가 없다. 결국 물이 흘러들지 못하게 하려면 여러 겹을 겹쳐 쌓아야 한다. 물은 그럭저럭 처마로 흘러내리게 되었을 것이다.

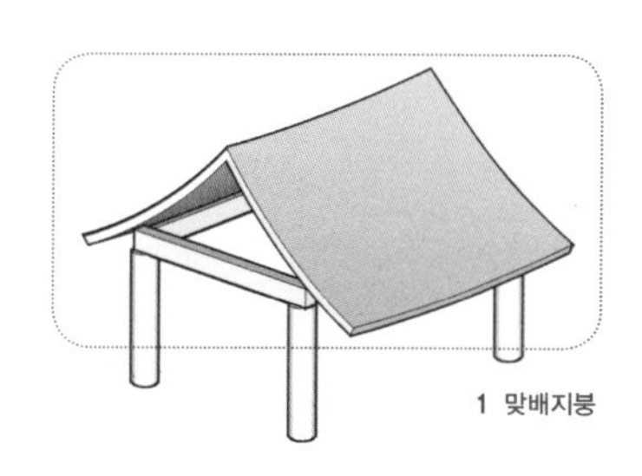

1 맞배지붕

삼성미술관 리움 소장

가야 시대의 집 모양 토기
지붕에는 짚이나 이와 유사한 재료를 얹었을 것이며 이를 고정하기 위해 덧댄 장치들이 보인다. 박공 쪽으로 물이 넘어오는 것이 골치 아픈 일인데, 이를 막기 위한 추가 부재가 필요했음을 이 오래된 토기가 보여주고 있다.

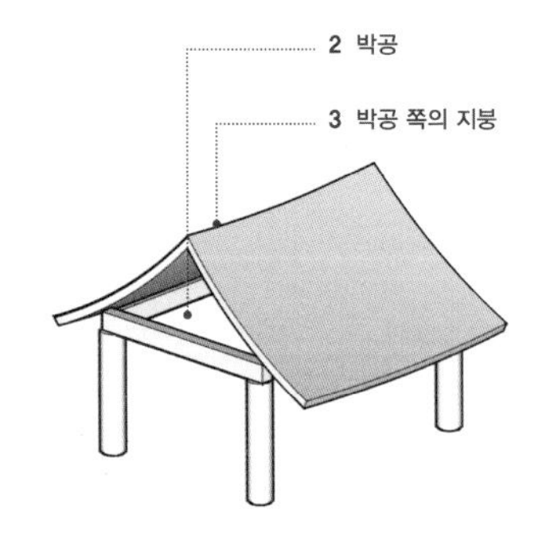

맞배지붕을 이번에는 옆에서 보자. 지붕이 ㅅ 자 모양을 이룬다. 삼각형을 이루는 그 옆면이 **박공**[2]이라고 부르는 부분이다. 우리는 지금까지 처마만 들여다보고 이야기하고 있었다. 박공에서의 문제는 전혀 해결되지 않은 상태다. 박공 쪽에는 비를 막아줄 고안이 없는 것이다.

처마 방향으로 물을 인도할 기왓골이 아직 없으니 비가 들이치기도 하고 지붕면의 물이 박공 쪽으로 타고 흐르기도 한다. 테두리가 없는 종이컵에서 커피가 옆면을 따라 흐르던 상황과 같다. 해결책은 여전히 경사다. 여기서 등장한 고안은 **박공 쪽의 지붕**[3]을 높이는 것이다. 즉 박공 부분이 높고 건물 복판 쪽이 낮은 경사지붕면을 만드는 것이다. 지붕면은 삼차원으로 굽은 면이 된다. 작업은 더욱 어렵다. 과연 이 방법을 선택한 목수들이 있었을까.

극단적인 조건을 찾으면 결과에 대한 이해가 쉽다. 강수량이 매우 많은 지역에서 기와를 사용하지 않은 건물의 예를 찾아보자. 북부 수마트라와 인도차이나반도 지역에는 열대 몬순기가 있다. 비가 화끈하게 내린다. 그리고 이곳의 전통건축에서는 기와를 얹지 않은 박공지붕이 일상이다. 우리가 얻고자 하는 조건을 갖추고 있다.

우선 박공으로 직접 들이치는 비를 막아야 한다. 대안은 검증된 방식의 응용이다. 박공 쪽에도 처마처럼 **지붕을 밖으로 길게 내민다.**[4] 최대한 많이 내민다.

다음은 박공 쪽으로 감싸 들어가는 빗물을 막아야 한다. 그래서 박공 쪽 지붕을 쏟아지는 빗줄기만큼 화끈하게 **들어올렸다.**[5] 결국 이 지역의 전통건축은 중앙부보다 박공 부분이 높고 강조된 지붕을 갖게 되었다. 강조가 지나치다는 느낌이 들 정도다. 그러나 기왓골이 없는 지붕 재료여도 지붕에서 박공 쪽으로 빗물이 감싸고 들어갈 가능성이 현저히 낮아진다. 삼차원으로 휜

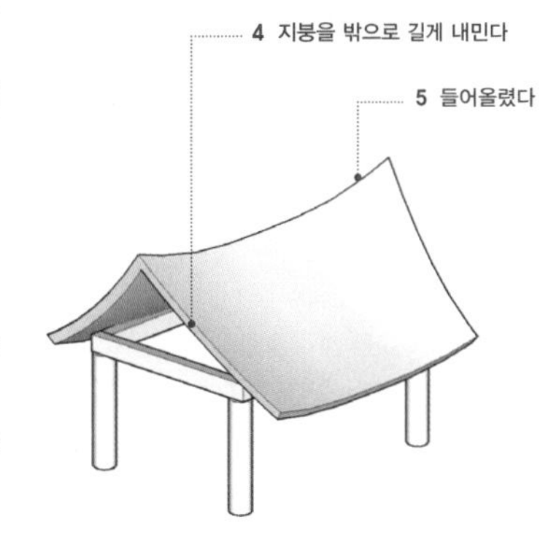

북부 수마트라의 민가
지붕의 모습은 오직 물을 막아내야 한다는 절대적 원칙에 따른 결과물이다.

중국 운남성박물관 소장 © 한동수

중국 한나라 시대의 집 모양 청동기
지붕 형태의 유구함을 증명하고 있다.

지붕면이 등장했다. 이것은 멋있게 보이기 위한 장치가 아니다. 확실하게 스스로를 보호하기 위한 건축적 진화의 결과다.

다시 한반도로 돌아오자. 한국에서도 빗물은 지붕 진화에서 중요한 변수임에 틀림없다. 그러나 지붕을 수마트라처럼 들어올려야 할 정도로 강수량이 많은 건 아니다. 그래도 박공으로부터 지붕 중앙부를 향한 어느 정도의 경사는 필요했을 것이다. 그러던 중 어느 시점에서 지붕 재료로 기와가 등장했을 것이다.

충실하게 빗물의 방향을 유도하는 기와가 지붕을 덮는 순간, 더 이상 삼차원 곡면은 필요하지 않았다. 그러나 이 곡면은 다시 펴지지 않았다. 직립보행의 호모에렉투스에게 더 이상은 필요 없는 꼬리뼈 같은 흔적기관이 되었다. 그러나 지붕은 결국 변화했다. 이제 우리는 사진 속에서 흔히 보이는 우아한 곡면의 지붕을 얻게 되었다.

$\sqrt{2}$와 우진각지붕

$\sqrt{2}$는 무리수無理數다.

이건 피타고라스의 입장에서 보아 존재하기 '무리한 수'라는 소리가 아니다. 정수의 비례ratio로 표현할 수 없는 수irrational number라는 의미다. 비례가 없을 뿐인데 정신이 나간 비이성적 숫자가 된 억울한 사연의 주인공이다.

$\sqrt{2}$는 크기로 보면 1과 2 사이의 어딘가에 있다. 1.4142……로 이어지니 1보다 40퍼센트가량 큰 수다. 이 차이는 대단히 크다. 그 크기의 힘이 전통건축의 지붕 형식을 규정하는 데 가감 없이 발휘된다. 일단 박공지붕의 문제를 해결해보자.

빗물이 지붕면에서 박공으로 감아 들어오는 문제는 지붕 경사와 기왓골 정도로 해결할 수 있다. 문제는 직접 들이치는 것이다. 물론 박공면 쪽으로도 처마를 내밀 수 있고 실제로 그렇게 했다. 그러나 박공은 지붕의 가장 높은 부분에 걸려있다. 내밀 수 있는 부재의 길이도 한계가 있다. 같은 크기의 우산을 써도 키 작은 사람은 발목만 젖는데 키 큰 사람은 종아리까지 젖는다. 박공면 바깥으로 내민 처마로는 기둥 하부에 들이치는 비를 막는 데 한계가 있다는 것이다.

대안은 수평으로 내미는 것이 아니고 수직으로 가리는 것이다. 팔을 앞으로 뻗은 채 서있으면 고통스런 체벌이 되지만 늘어뜨리고 서있으면 그냥 서있는 것이다. 수직으로 매단 부재는 수평으로 뻗은 부재보다 훨씬 얇아도 된다. 뻗어 보낼 부재가 없다면 작거나 얇은 재료를 엮어 가리기 방식으로 가야 한다.

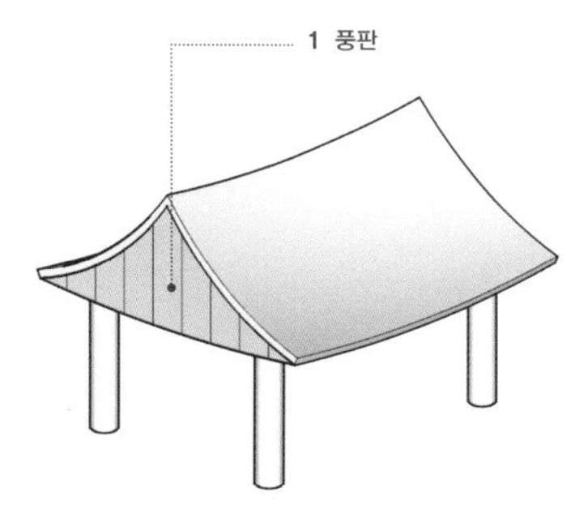

실제로 우리의 맞배지붕들은 거의 모두 가리기 방식을 채택했다. 후대에는 심지어 박공면 전체를 가리는 경우도 생겼으니 우리에게 익숙한 조선 시대의 **풍판**[1]이다. 풍판은 박공면에 들이치는 비를 상당 부분 막아준다. 그러나 이것은 임시방편으로 덧대 가리는 부재다. 대증요법이었다. 태생이 지붕과 일체화하지 못

선릉의 정자각丁字閣
세 개의 박공을 모두 풍판으로 막았다.

풍판의 뒷모습
덧붙여 대강 막은 모습이 보인다.

순천 선암사 해우소
이 화장실이 오늘의 지명도를 얻게 된 것은 독특하게 공들인 풍판에 힘입은 바가 크다.

한 껍데기였다. 깐깐한 목수의 자존심을 건드릴 만한 임시방편이었다.

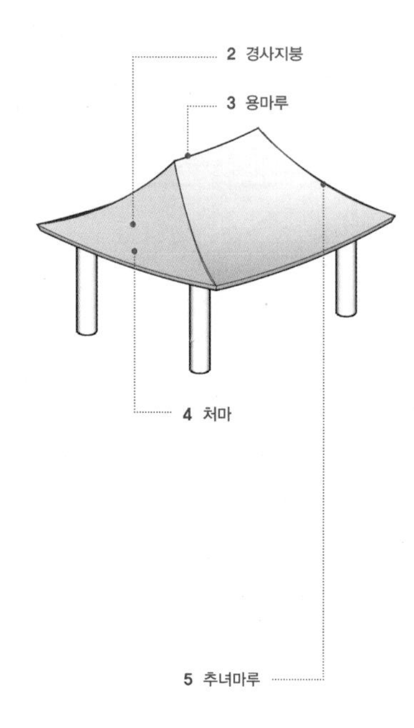

대안은 사실 간단했다. 박공면을 없애고 여기도 **경사지붕**[2]을 만드는 것이다. 실제로 이 새로운 지붕이 등장했다. 맞배지붕처럼 **용마루**[3]가 있고 모임지붕처럼 네 면에 **처마**[4]가 있는 지붕이다. 이 지붕은 맞배지붕과 달리 박공의 취약 부분이 없다. 그리고 모임지붕과 달리 직사각형 평면에도 쉽게 적용할 수 있다. 진보한 지붕이다. 건물의 안전을 위협하는 요소를 제거한 만족스런 대안이었다. 그것을 우리가 부르는 이름은 우진각지붕이다.

그러나 우진각지붕에도 해결해야 할 새로운 문제가 있었다. 맞배지붕에서 지붕면과 지붕면이 만나는 접합부는 용마루 하나밖에 없었다. 우진각지붕에는 용마루 외에도 네 개의 지붕면이 서로 만나는 접합부가 생긴다. **추녀마루**[5]라고 부르는 접합부가 하나도 아니고 네 개나 된다.

지붕은 좀 더 만들기 어려운 길로 들어섰다. 그러나 존재를 위협받는 상황에서는 어려운 길을 돌파하는 것이 옳은 길이다. 이는 해결할 수 없는 문제가 아니고 좀 더 복잡한 문제였을 따름이다. 이때 필요한 것은 창조적인 기술이다.

5–6세기경 고구려 지역의 집 모양 토기
우진각 형식의 기와지붕을 얹고 있다.

우진각지붕의 새로운 문제는 재료 수급에 관한 것이다. 맞배지붕에 없던 새 부재가 필요해졌으니 그것은 지붕을 사선으로 가로지르는 마루를 받치는 **추녀**[6]라는 부재다. 이 모서리의 길이는 평면으로만 봐도 **용마루**[7]에서 **처마**[8]에 이르는 지붕 길이의 $\sqrt{2}$배다. 엄청난 차이이다. 이 추녀라는 부재는 그만큼 길어야 한다. 게다가 한쪽은 기둥 밖으로 튀어나와 **허공에 뻗어있어야 한다.**[9] 어지간하면 무리수를 두지 않아야 하는 건축에서 이건 좀 무리한 일이다.

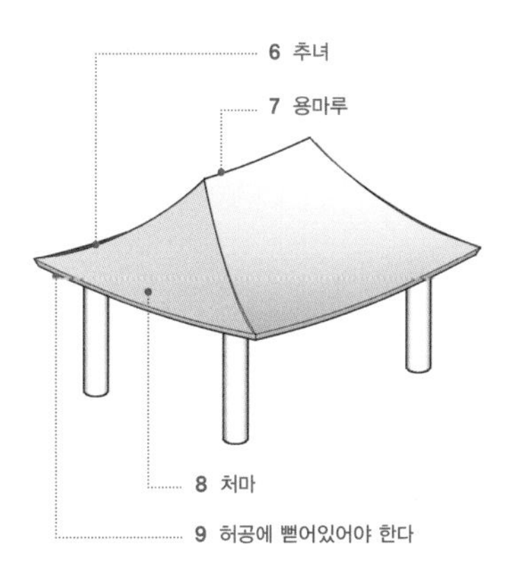

추녀는 게다가 지붕의 경사면을 따라야 한다. 지붕이 입체적으로 휘어있으니 추녀도 이를 따라야 하는 것이다. 길고도 적당히 휘어있는 부재를 허공에서 경사 위치를 잡아 조립하는 것이 쉽지 않은 작업임은 쉽게 추측할 수 있다. 가공과 조립은 제쳐두고 이런 부재를 구할 수는 있는지 확인해보아야 한다.

길고도
휜
부재

한산섬 달 밝은 밤에 수루에 혼자 앉아
큰 칼 옆에 차고 깊은 시름 하는 차에
어디서 일성호가는 남의 애를 끊나니

조선 중기의 수군통제사가 남긴 시다. 그런데 그가 시름하던 수루의 지붕은 어떤 모양이었을까. 그것도 분명 나무로 만든 구조물이었을 것이다. 거북선을 만들면서 함께 만든 것이었을지도 모를 일이다. 목재가 필요했다.

수령이 높은 나무는 키도 크고 몸통도 굵다. 이들을 재단하면 길면서 두꺼운 부재를 얻을 수 있다는 의미다. 그러나 추녀를 만들려는 우리에게는 조건이 하나 더 있다. 길기만 한 것이 아니라 적당히 휜 부재여야 한다. 문제는 우리의 숲에서 몸통이 굵고 키 큰 나무들이 맘에 드는 모양으로 자라준 경우가 그리 흔치 않다는 점이다.

깊은 산속 옹달샘 옆에서 쓸 만한 나무를 어렵사리 발견했다고 일이 끝나지는 않는다. 이 나무를 잘라 건물 지을 곳까지 운반해와야 한다. 때로는 부재의 운송 가능성이 결과물의 성패를 규정하기도 한다.

큰 나무는 운반하기 어렵다. 뗏목에 실어 나를 강이라도 있으면 좋겠다. 실제로 전통건축에서 백두대간의 나무들은 건물 부재로 변하기 전에 뗏목의 상태를 거쳤다. 굵은 목재, 혹은 무거운 목재는 배에 싣거나 뗏목을 만드는 데 문제가 되지 않는다. 요즘의 해운에서도 화물의 무게는 별 문제가 아니다.

그러나 거의 모든 건설 현장은 결국 육로 수송을 거치게 된다. 부피와 무게도 문제지만 길이야 말로 정말 골치 아픈 존재다. 트레일러건 달구지건 긴 부재를 무작정 실을 수 있을 만큼 적재 공간에 무한 여유가 있는 것도 아니다. 게다가 길은 직선으로만 나있는 것이 아니어서 회전 반경도 고려해야 한다.

길이 때문에 수송 문제가 해결되지 않는다면 짧게 자른 후 실어 날라야 한다. 그리고 현장에서 이어붙여야 한다. 그래서 아직도 거대한 토목 구조물들은 트럭에 실어올 수 있는 크기로 공장에서 만든 후 현장에서 조립한다. 유리를 실어 나를 트럭의 적재함 크기에 의해 건물의 유리창 규모가 제한되는 것이 일상적이다.

대나무처럼 마디가 있는 구조물
이 구조물에서 마디의 길이를 결정하는 가장 중요한 변수는 운송이었다. 도심의 구조물일수록 이 마디의 길이가 제한적이다.

베이징 자금성의 태화전
황권의 크기가 건물의 크기와 지붕의 형태로 고스란히 드러난다.

우진각지붕으로 돌아오자. 추녀가 버텨내야 하는 하중이 건물에서 가장 큰 것이 아니므로 가장 굵은 부재일 필요는 없다. 그러나 길이는 길어야 한다. 게다가 절묘하게 꺾인 곡선이어야 한다. 물론 이론상으로는 짧은 부재를 이어서 사용할 수 있다. 실제로 많은 추녀들은 더 짧은 부재를 이어 붙인 결과물이다. 그러나 이 작업은 삼차원으로 휘어 재단된 부재들을 허공에서 잇는 것이다. 최고 난이도의 해결을 요구하는 상황인 것이다.

이 수준은 조선 시대 임금님의 역량도 넘는다. 중국의 황제 정

나라 현 도나이시東大寺의 대불전
세계 최대 규모 목조건물의 하나로 화재 후 18세기에 원래의 규모보다 좀 더 작게 지었다.

노 되어야 선물 크기를 가리지 말고 만들어내라고 요구할 수 있는 수준이었다. 어려우니 희귀하고 그래서 더 만들어야 했을지도 모른다. 자금성에서 볼 수 있는 전각들이 바로 그 모습들이다. 일본에서는 불심佛心이 세상을 지배하던 시대인 나라奈良 시대의 절에서 특히 중요한 건물에 우진각지붕을 얹었다. 우진각지붕은 그 자체가 권위의 상징이 되었을 것이다.

그런 경우가 아니라면 우진각지붕은 특정한 크기와 형식의 건물에 제한적으로 선택할 수 있는 형식이다. 다음 질문은 그렇다면 황제의 처소가 아닌 그 경우가 뭐냐는 것이다.

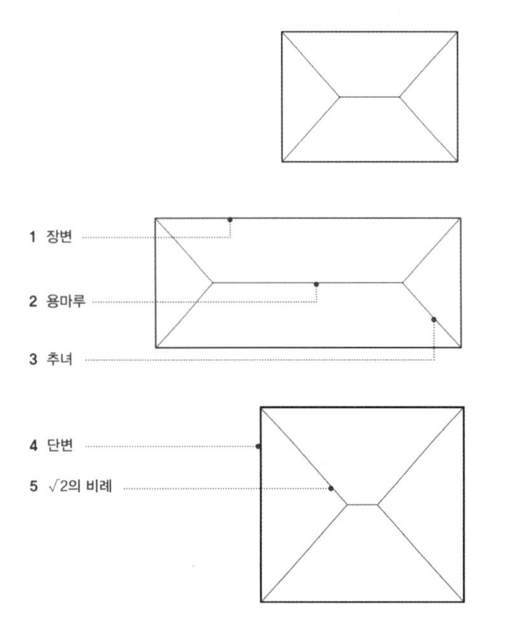

우진각지붕에서 **장변**[1] 방향으로 건물이 길어지면 **용마루**[2]를 계속 이어가면 된다. **추녀**[3]의 길이는 영향을 받지 않는다. 그러나 **단변**[4] 방향의 길이가 길어지면 추녀의 길이가 영향을 받는다. **√2의 비례**[5]로 길어진다. 그래서 우진각지붕은 단변 쪽으로 길이가 짧아도 되는 건물들에만 쓸 수 있다. 어떤 것이 있을까.

내부에 사람이 들어가서 의례를 행해야 한다면 공간의 최소 깊이가 확보되어야 한다. 즉 건물의 단변 방향 길이가 길어져야 한다. 그래서 한국에서는 일반적인 궁궐, 사찰을 아무리 둘러봐도 의례의 건물에서는 우진각지붕의 건물은 찾아보기 어렵다. 그러나 사람이 들어가서 살 필요가 없는, 즉 공간의 깊이가 얕은 건물 형식이 분명 있다.

그것이 바로 문루다. 전통건축에서는 문에도 지붕을 얹었다. 문은 통과와 통제만 하면 되는 구조물이다. 기능이 제한적이니

복층 우진각지붕의 숭례문
공간 깊이가 깊을 필요가 없는 건물이어서
이 형식이 가능했다.

팔만대장경을 보관하고 있는 합천 해인사의 장경판전
목재를 습기로부터 보호하려면 환기가 가장 중요하다. 원활한 맞통풍을 위해서는 요즘의 아파트처럼 공간의 깊이를 제한해야 하고 결국 필요한 경판수장면적 확보를 위해서는 건물이 종묘처럼 옆으로 길어져야 했다. 가장 적절한 지붕형식은 우진각지붕이었을 것이다.

문루 공간의 깊이가 깊을 필요가 없다. 문은 담의 일부이므로 문루가 옆으로 길어져야 할 수도 있다. 그러려면 용마루를 이어 늘이면 되니 걱정거리가 아니었다. 문루, 그중에서도 특별히 중요한 문루는 우진각지붕이 꼭 적당한 형식이 되는 것이다.

한양성곽의 네 대문인 숭례문, 흥인문, 숙정문, 돈의문, 네 소문인 광희문, 소의문, 창의문, 혜화문. 그리고 네 조선 궁궐의 정문인 광화문, 대한문, 홍화문, 돈화문. 공통점은 모두 문이라는 것이다. 그리고 모두 우진각지붕이라는 것이다. 구분하는 차이라면 단층이냐 복층이냐는 점 정도다.

작은 문에 우진각지붕을 얹는 것은 너무 복잡했다. 이 경우에는 대개 그냥 **맞배지붕**[6]을 얹었다. 그리고 **풍판**[7]을 달았다. 이것이 사찰의 일주문이나 왕릉의 정자각에서 일상적으로 보이는 모습들이다. 민가의 솟을대문도 대개 맞배지붕들이다. 문이라도 궁궐 내부의 문 정도가 되어야 우진각지붕을 얹었다. 한국의 전통건축에서는 **C형 건물**[8], 즉 민가에 가끔 **우진각지붕**[9]이 등장한다.

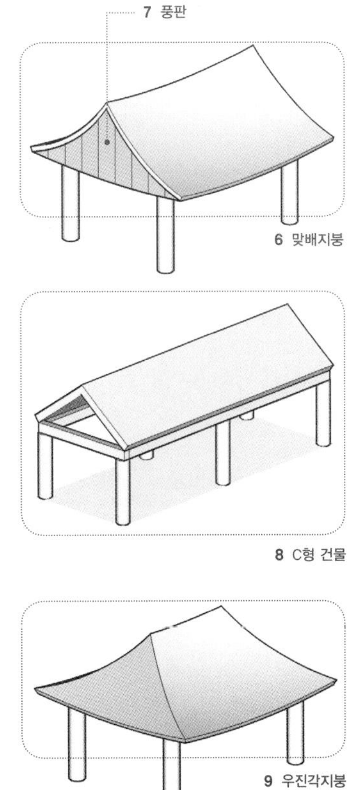

6 맞배지붕

8 C형 건물

9 우진각지붕

복잡하되 만족스런 해결책

이종교배

이 결과물은 잡종이다. 순종만으로 원하는 결과가 얻어지지 않으면 이종교배를 행한다. 이 잡종은 도태될 수도 있지만 부계와 모계의 순종을 대체하고 생태계를 장악할 수도 있다. 지붕에서도 잡종이 필요한 지점에 이르렀다.

우진각지붕은 제한적인 성과를 거두었다. 맞배지붕의 박공 문제는 다시 원점으로 돌아왔다. 다만 해결해야 할 문제는 좀 더 뚜렷하게 부각되었다. 우진각지붕처럼 추녀에 긴 부재를 요구하

논산 돈암서원 응도당
맞배지붕을 만든 후 풍판을 덧붙이고 그 후에 다시 눈썹지붕을 덧붙였다.

지 않으면서 맞배지붕의 박공 문제를 해결할 수 있는 방안은 무엇이냐. 풍판 같은 이상한 부재를 덧대지 않는 근본적인 해결책은 무엇이냐.

해결책을 찾는 출발점은 문제점을 명시하는 것이다. 문제는 **박공 쪽 기둥 아랫부분**[1]에 빗물이 들이치는 것이었다. 종아리와 발목에 해당하는 부분이다. 다시 간단한 해결책이 등장했다. 박공의 아랫면에만 작은 처마를 만들어 붙이는 것이다. 요즘도 건물 벽에 가서 붙는 이런 작은 지붕을 **눈썹지붕**[2]이라고 부른다. 맞배지붕의 박공면에 눈썹지붕을 달아보자. 아쉽게도 눈썹지붕은 풍판과 다름없이 뭔가를 갖다 붙인 임시방편임이 눈에 확연하다. 그러나 종아리를 가려준다는 점에서는 처마의 역할을 충실히 수행할 수 있다.

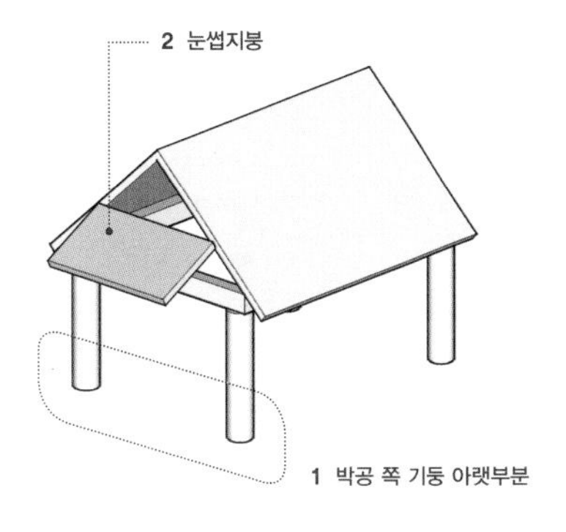

다음 문제는 이 눈썹지붕을 맞배지붕의 지붕면과 원만하게 조합하는 것이다. 이건 별로 어려운 일이 아니었다. 우진각지붕의 경험이 있기 때문이다. 과연 맞배지붕과 눈썹지붕이 훌륭하게 일체화된 결과물이 등장했다. 맞배지붕과 우진각지붕의 교배 결과라고 해도 될 일이다. 그것이 **팔작지붕**[3]이다.

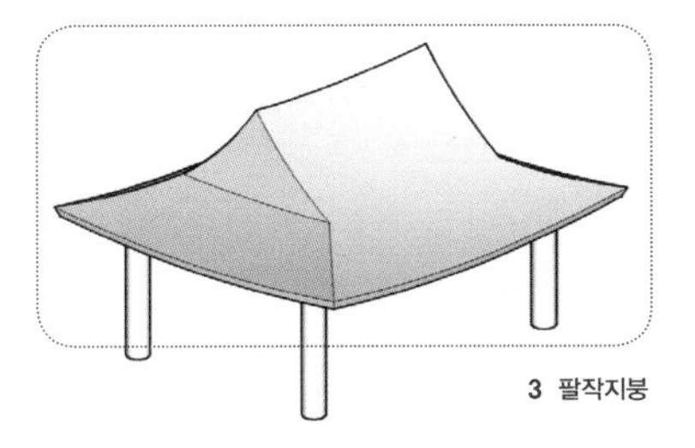

팔작지붕은 그간의 문제들을 말끔히 해결해주었다. 박공 쪽

의 기둥 하부에 비가 들이치지도 않았다. 추녀가 있기는 해도 우진각지붕처럼 긴 부재를 요구하지 않았다. 전통건축의 지붕으로 가장 많이 등장하는 것이 바로 이 팔작지붕 형식이다. 그만큼 만족스런 해결책이라는 뚜렷한 지표다. 팔작지붕은 보기 좋은 해결책이 아니고 기존의 문제를 해결한 유일한 해결책이었다.

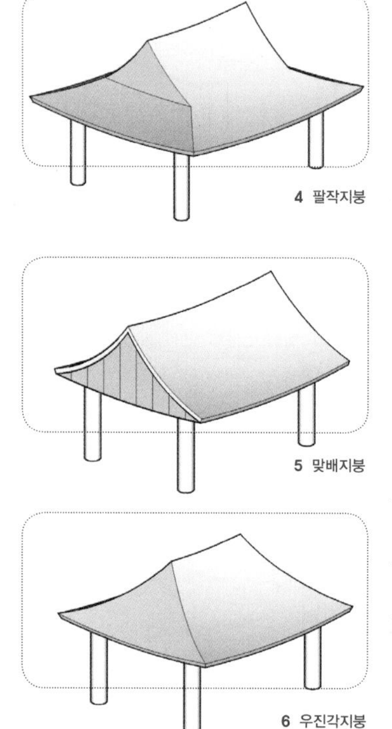

4 팔작지붕

5 맞배지붕

6 우진각지붕

새로운 문제가 있기는 했다. 만들기가 복잡하다는 것이다. **팔작지붕**4은 **맞배지붕**5과 **우진각지붕**6의 조합이다. 비가림이라는 점에서는 그 장점을 모아놓았고 결구 방식이라는 점에서는 그 복잡함들을 모아놓았다. 이 복잡함은 목수가 감내하고 해결해야 할 문제였다. 기둥이 젖고 썩어 건물이 무너지지 않게 하기 위해 부딪치고 헤쳐 나가야 할 문제였다. 다른 선택은 존재하지 않았다.

특히 건물의 덩치가 커질수록 결론은 팔작지붕이었다. 맞배지붕은 위험하고 우진각지붕은 부재가 부족하기 때문이다. 우리는 왜 경복궁 경회루, 여수 진남관, 통영 세병관과 같은 대형 구조물들이 모두 팔작지붕을 하고 있는지 설명할 수 있다.

그렇다면 과연 팔작지붕은 맞배지붕과 눈썹지붕의 이종교배 진화 결과물인가. 확인을 위해 지금까지의 이야기를 경회루를

여기 희미하게 팔작지붕의 건물이 보인다.

부여에서 출토된 무늬벽돌
잘 보면 중앙에 팔작지붕이 보인다. 백제 시대 팔작지붕의 존재를 증명하고 있다.

통해 짚어보자. 경회루는 임진왜란 때 불타 돌기둥만 남아있던 것을 고종 때 다시 지었다고 널리 알려져있다. 외부 기둥이 네모나고 내부 기둥이 동그라며 도합 48개라는 사실이 무슨 상징적 의미를 갖는지를 따져야 할 사람들도 있겠다. 그러나 막상 건물을 지어야 하는 목수 입장의 관심은 훨씬 물리적인 것이었다.

경회루에서 지붕의 크기는 요구되는 평면에 비례하여 거대해질 수밖에 없다. 그러나 목재라는 재료의 속성 때문에 마음대로 처마 길이를 낼 수는 없다. 그렇다고 들이쳐서 종아리를 적시던 빗물의 문제에서 여전히 자유롭지도 않다. 처마 길이를 확보할 수 없다면 썩지 않는 재료를 종아리에 사용해야 한다. 경회루에서는 돌기둥과 나무기둥을 잇는 방식을 선택했다.

이들이 돌기초가 아니고 돌기둥인 것은 생긴 것도 기둥처럼 길쭉하면서 실제로 기둥의 역할을 수행하기 때문이다. 이들이 2층 누마루를 받치고 있고 여기 올라탄 나무기둥들이 그 위 지붕을 다시 받치고 있다. 이 방식 덕에 소요되는 나무기둥 길이도 줄었다. 이 거대한 지붕을 받쳐줄 적절한 높이 비례의 나무기둥은 시각적으로는 적절해도 현실적으로는 적절할 수가 없다. 구할 길이 없기 때문이다.

기둥을 다 세웠으면 지붕을 얹어야 한다. 이처럼 큰 건물에서 맞배지붕은 여전히 위험한 선택이다. 대안으로 우진각지붕을 얹기로 해보자. 당장 거기 추녀를 엮기 위해 필요한 길이의 부재를 어디서 구하느냐는 문제가 등장한다. 이 큰 건물은 지붕 면적도 넓어서 물을 서둘러 흘려보내려면 경사각도 더 급하게 만들어야 했다. 필요한 부재 길이는 더 늘어난다. 경회루는 보로 쓰일 목재를 조달하는 것만 해도 원성이 드높았다. 답은 팔작지붕이다.

이제 지붕의 비례에 주목해보자. 경회루의 측면 칸 수는 널찍

경복궁 경회루

제한된 부재로 저 큰 지붕을 만들기 위해서는 추녀 길이를 줄이고 합각의 크기를 키우는 것이 합리적이었다.

널찍한 다섯 칸이다. 팔작지붕에서 박공은 특별히 합각이라고 부른다. 목수가 결정해야 하는 것은 **합각면**[7]과 그 아래 **눈썹지붕면**[8]의 비례다. 시각적 기준으로 보면 '보기 좋게 하면 된다'가 답이다. 그러나 경회루의 **합각**[9] 크기는 일반적인 팔작지붕 합각보다 비례상 훨씬 더 크다.

이유는 이렇다. **처마 깊이**[10]는 지붕 크기가 아니고 **나무 기둥의 높이**[11]에 비례해야 한다. 눈썹지붕의 크기도 지붕 전체 크기와 무관하다. 돌기둥 덕에 처마 깊이를 제한할 수 있으므로 결국 지붕

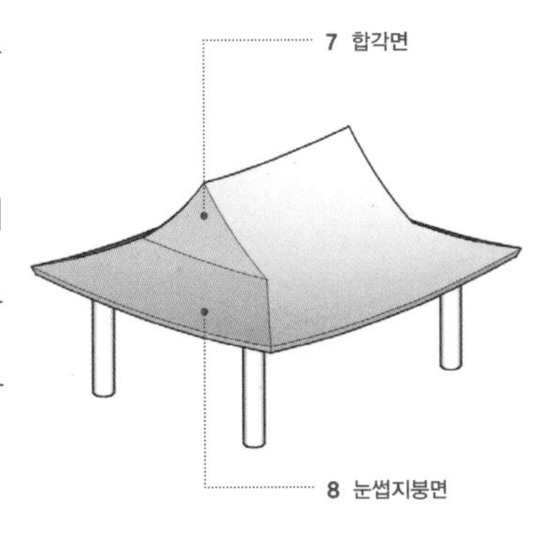

크기가 커지면서 함께 커져야 할 것은 합각의 크기다. 이렇게 되면 **추녀의 길이**[12]도 제어할 수 있다. 그러면서 커진 합각 부위는 맞배지붕에서 연습한 대로 **풍판**[13]의 방식으로 막았다. 경회루의 이 독특한 비례는 팔작지붕이 맞배지붕과 눈썹지붕의 조합에서 진화한 것이라는 점을 설명해준다.

그렇다면 이제 한산섬의 수루戍樓로 돌아와보자. 고문헌에 등장하는 수루들의 배경은 대개 장소는 변방이고 시간은 달밤이다. 이 구조물은 국경을 지키는 망루였고, 근무는 외로운 일이다 보니 회한은 달밤일수록 커졌을 것이며, 그 결과는 문학작품이었을 것이다. 그런데 이런 문장을 남긴 이들은 수루 위에서 잠도 자고 술도 마시고 연회도 베푼다. 변방의 장군이 시에서 굳이 '홀로' 앉아있음을 강조한 것은 평상시에는 여러 사람이 올라서 사용하는 구조물이었기 때문일 것이다. 시인 묵객이 혼자서 시를 쓰는 정자는 아니니 모임지붕의 구조물은 아니었을 것이다. 남은 것은 우진각지붕과 팔작지붕이다.

한산섬의 수루는 전쟁 중에 세운 것이다. 제대로 된 나무들은 모두 징발되어 전투선 만드는 데 사용되었을 터이니 우진각지붕의 추녀를 만들 목재는 사치스러웠을 것이다. 게다가 무엄히 그런 지붕을 얹었다면 이 또한 사치와 도전의 언동으로 임금님께 보고가 되었을 것이다. 그래서 한산섬의 그 수루는 지금 제승당 옆에 복원된 것처럼 팔작지붕의 누각이었을 것이다. 그러나 콘크리트로 짓지는 않았고 화려한 단청을 칠하지도 않았을 것이다. 어쩌면 아예 지붕이 없는 구조물이었을지도 모를 일이다.

팔작지붕은 진화의 완성에 이른 것인가. 그러나 진화는 계속되었다. 팔작지붕과 우진각지붕이 맞배지붕과는 좀 다른, 새로운 요구 조건에 직면해있기 때문이다. 그것은 여전히 빗물의 문제였다.

뻗은
날개의
탄생

유선형을 요구하는 순간

도대체 왜 네모난 물고기는 없는 걸까?

네모난 물고기는 없어도 네모란 물고기는 있었다. 미국의 만화영화 주인공이었으니 발음이 좀 달라 니모Nemo라고 불렀다. 그런데 이런 이름의 물고기도 막상 몸은 유선형이었다. 물이라는 유체의 저항을 거스르고 가장 유연하게 움직일 수 있도록 진화했기 때문이다.

그러나 건물은 거의 네모난 모양으로 짓는다. 고층건물의 형태가 아무리 비틀려 괴상하게 보여도 가장 선호되는 평면 형태는 여전히 사각형이다. 이유는 기둥 배치 때문이다. 지하 주차장부터 옥상까지의 요구 조건을 모두 원만하게 만족시킬 수 있는 기둥 배치는 사각형 격자다.

물고기는 물고기대로, 건물은 건물대로 헤쳐나가야 할 생존조건이 다르다. 그러나 잘 들여다보면 의외의 곳에서 그 조건의 공통점을 발견할 수 있다. 건물이 물속을 헤엄치고 다닐 일은 없지만 만만찮은 유체압력을 받는 경우가 있다. 이번에는 멀쩡히 서 있는 건물에 유체가 와서 부딪치는 것이다. 그 유체의 압력은 때로는 물고기가 직면한 것을 넘는다. 고층건물의 경우가 그렇다.

건물의 키가 커질수록 윗부분에 불어오는 비바람의 세기가 강해진다. 이 비바람은 전통건물의 종아리에 들이치던 것과 물리적 거동이 크게 다르지 않다. 다만 높은 곳에서 건물과 만나다보니 크기가 훨씬 더 커졌을 따름이다.

특히 문제가 되는 부분은 모서리다. 바람이 불면 건물의 모서리 양쪽에 가장 높은 압력과 가장 낮은 압력이 동시에 존재하게 된다. 이 모서리를 통과해 빠져나가려는 기류에 의해 와류가 생긴다. 부분 풍속이 가장 빠르다. 빗물의 실내 침투에서 문제가 되는 부분이 모서리다.

상자형의 건물 안에 들어선 원통형의 수족관, 그리고 그 안에서 살고 있는 유선형의 물고기들
다 나름대로 그 형태를 지녀야 하는 논리를 가지고 있고, 이를 거스르려면 적지 않은 대가를 지불해야 한다. 이 수족관이 원통형인 것은 종이컵이 원통형인 것과 구조적 이유가 같다.

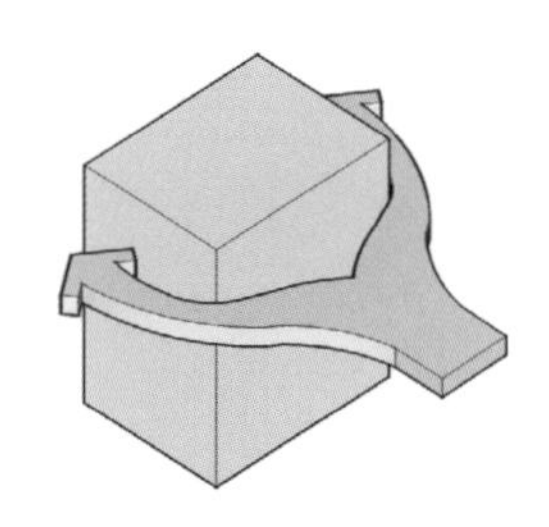

완도 보길도 세연정의 지붕 모서리
모서리 쪽으로 갈수록 탈색이 선명하다. 모서리가 취약하다는 점을 보여주는 뚜렷한 증거다.

고층건물이 아니어도 비바람이 몰아치면 여전히 가장 취약한 부분이 모서리다. 물론 저층건물에서 감내해야 하는 모서리 풍속과 압력이 건물을 밀어 흔들 만큼 크지는 않다. 그러나 작은 압력이어도 이 바람이 몰고 다니는 것은 그랜드캐니언을 깎은 그 물이다. 별것 아닌 듯해 보여도 오랜 시간이 지나면서 뚜렷한 흔적을 남긴다.

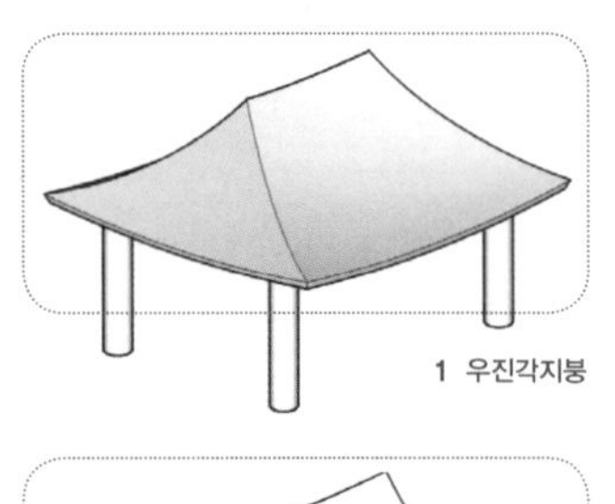

1 우진각지붕

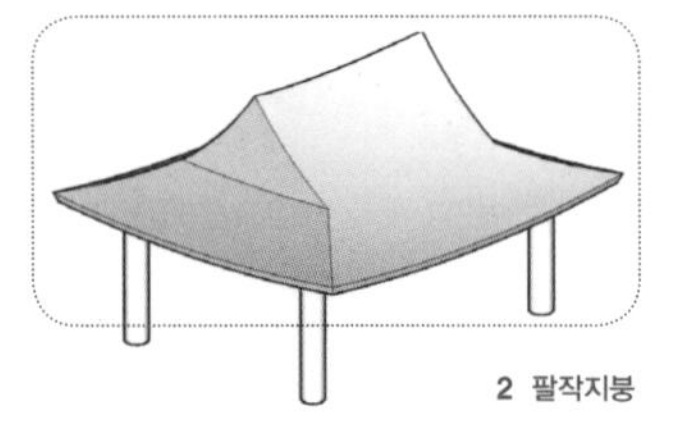

2 팔작지붕

전통건축으로 돌아오자. **우진각지붕**[1]과 **팔작지붕**[2]을 통해 우리는 기둥 네 면의 조건이 동일한 건물을 얻게 되었다. 그러나 경험이 축적되다 보면 그간 보이지 않던 문제점들이 서서히 부각된다. 건물에 벽이 없이 기둥만 있다면 모서리 문제는 덜하다. 그러나 건물은 결국 실내를 확보하기 위해 만드는 것이고 대개의 평면은 벽으로 닫힌 사각형을 띠고 있게 된다. 모서리에는 와류가 생기고 빗물이 더 들이친다. 실제로 그럴까. 산사에 가서 실물을 보자.

모서리의 혹독함

성불사 깊은 밤에 그윽한 풍경風磬 소리
주승은 잠이 들고 객이 홀로 듣는구나

주지 스님도 바람도 잠든 이 밤에 풍경은 왜 그윽히 울려 객수를 간질이는 걸까. 풍경은 왜 흔들리고 있을까. 그 풍경은 왜 **추녀**[1]에 매달아놓은 걸까. 풍경을 법당 복판 처마에 걸어놓지 않은 이유는 무엇일까.

풍경은 소리를 내기 위해 존재한다. 바람이 거의 없는 날에도 조금씩 움직여주어야 한다. 그 풍경이 가장 잘 흔들리는 지점이 바로 추녀 밑이다. 거기서 공기의 흐름이 가장 빨라지기 때문이다. 법당의 추녀 부분 **서까래**[2]를 보자. 비바람이 더 세게 들이친

해남 미황사 대웅보전의 추녀에 매달린 풍경
이 건물도 서까래를 잘 보면 추녀쪽으로 가면서 풍화가 심해 희게 탈색된 것이 보인다. 이 탈색과 풍경의 위치가 연관이 있는 것이다.

흔적을 확연하게 관찰할 수 있다. 부는 바람을 따라 유선형으로 몸집을 바꿀 수 없다면 건물도 모서리에 대책을 세워야 한다.

맞배지붕[3]은 원래 **박공**[4] 쪽이 취약하므로 모서리 문제가 새삼스러울 것이 없다. 그러나 우진각지붕, 팔작지붕은 건물 전체가 균등하게 안전할 것을 기대하여 만든 것이다. 이제 드러난 모서리의 문제를 해결해야 한다. 어디가 되었건 가장 취약한 부분이 전체를 붕괴시키기 때문이다.

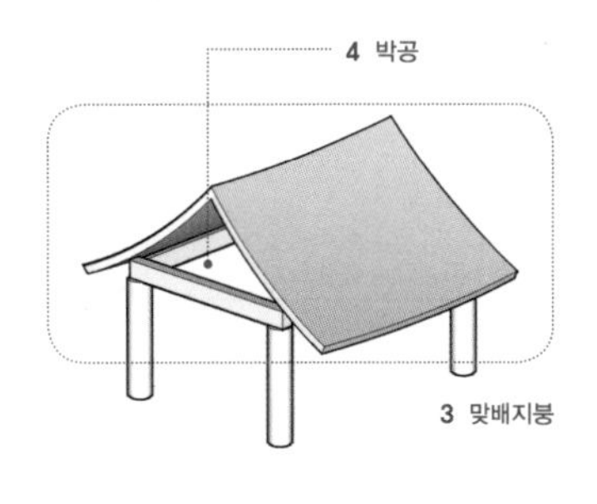

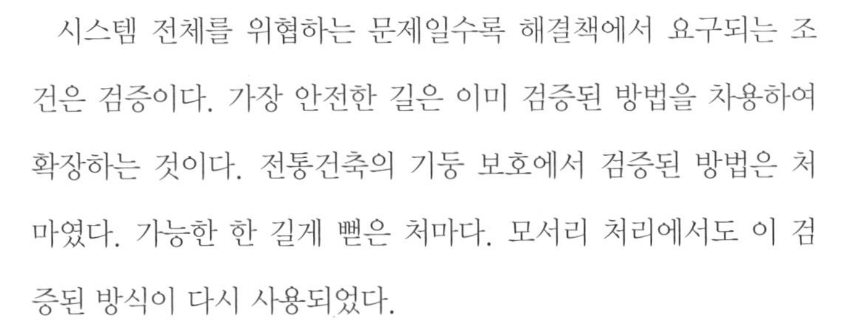

시스템 전체를 위협하는 문제일수록 해결책에서 요구되는 조건은 검증이다. 가장 안전한 길은 이미 검증된 방법을 차용하여 확장하는 것이다. 전통건축의 기둥 보호에서 검증된 방법은 처마였다. 가능한 한 길게 뺀은 처마다. 모서리 처리에서도 이 검증된 방식이 다시 사용되었다.

목수에게는 모서리에서 특별히 '조금만 더'라는 요구 조건이 부과되었다. 이번에도 목수에게는 다른 선택이 없었다. 결국 목수는 이미 가장 길게 내뻗기를 한 모서리의 처마, 즉 추녀를 조금 더 길게 뺐다. 평면으로 보아 처마는 모서리에서 곡선을 이루며 밖으로 휘게 되었다. 추녀에 비해 건물 가운데 처마가 상대적으로 안으로 휘어들어간 모양이 되었다. **안허리곡**[5]이라는 곡선이

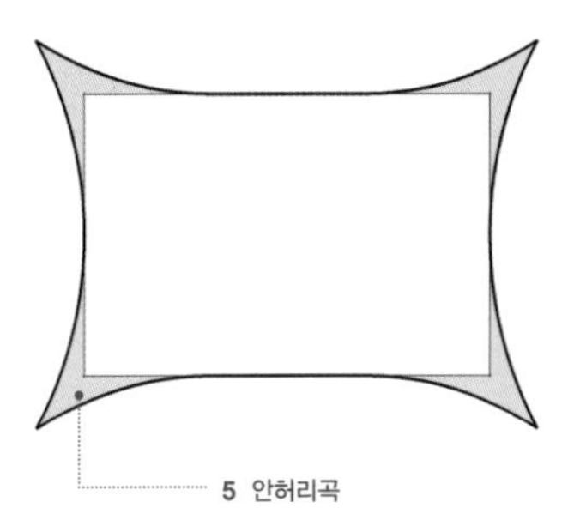

생겨난 것이다.

검증된 방법이 아직 한 종류가 더 있다. 지붕 경사를 줄여 평면상의 내뻗기 길이를 더한 방법이다. 즉 처마를 쳐들어서 좀 더 수평에 가깝게 만드는 것이었다. 목수는 이 방식을 추녀에도 적용했다. 추녀를 다른 서까래보다 좀 더 치켜들었다. 건물 모서리가 치켜 올라갔다. **앙곡**[6]이 등장한 것이다.

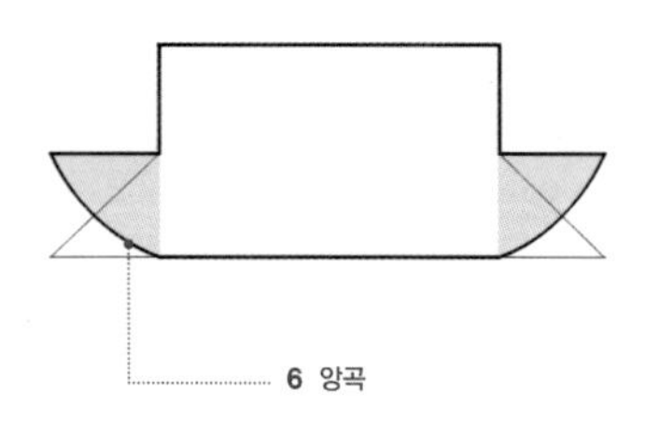

전통건축 역사책에 등장하는 추녀곡선은 이렇게 모습을 드러냈다. 안허리곡과 앙곡이 합쳐져 이루는 입체적 곡선을 그냥 곡이라고 부르기도 한다. 안허리곡과 앙곡은 각각 후림과 조로라고도 부른다. 독특하게 이 쌍을 이루는 단어들은 서로 섞어 쓰지는 않는다.

추녀를 올려 세우는 것이 간단한 선택은 아니었다. 그러나 부재의 수평 투영 길이를 분명 더 확보하기 위한 선택이었다. 현명한 목수는 앙곡의 다른 장점도 발견했다. 비가 그치고 햇빛이 비칠 때 우산이 마르듯 기둥도 말라야 한다. 추녀를 쳐들면 그만큼 기둥 하부가 더 많은 햇빛을 받을 수 있다. 그것은 수분의 증발을 의미했다. 즉 비바람이 들이쳤다고 하더라도 모서리 기둥이 빨리 마르는 것이다.

영주 부석사 무량수전의 모서리

지역마다 빗물이 들이치는 각도는 크게 다르지 않겠지만 태양의 입사각은 다르다. 시행착오를 통해 앙곡의 적당한 값을 찾아야 했다. 그 **앙곡**[7]은 그래서 지역마다 다르고, 우리는 우리가 자랑하는 그 독특한 곡선을 얻게 되었다.

추녀를 길게 뻗는 것은 구조적으로 위험하고 **추녀**[8]를 쳐드는 것은 시공하기 어렵다. 그러나 그것은 지붕 모서리의 문제일 뿐이다. 모서리가 끝내 처지고야 만다면 새 기둥으로 끝 부분을 받쳐줄 수도 있다. 후대에 이렇게 추가된 기둥을 **활주**[9]라고 한다.

그러나 추녀를 뻗고 쳐들지 않아 기둥이 썩고 훼손된다면 위협받는 것은 건물 전체의 안전이다. 목수는 추녀를 들어서 감내해야 할 위험보다 얻게 되는 장점이 더 크다고 판단했을 것이다. 선택하고 가야 할 길은 명확했다.

곡선이 출연하는 순간

미적 판단의 주관적 보편타당성*

이것은 독일의 한 철학자가 끌어낸 미학 개념이다. 내용은 이렇다. 우선 아름다움은 계량화할 수 없고 모든 이가 다 동의하게 만들 수도 없다. 가장 아름다운 배우가 누구냐고 물으면 즐겨 보는 주말연속극에 따라 대답이 제각각이다. 그럼에도 거기 이름이 나온 배우들이 지하철 안의 군상보다 예쁜 얼굴을 하고 있다는 데는 동의할 수 있다. 아무나 화장품 광고 모델이 되지 못하는 것은 아름다움의 판단에서 보편적 동의를 얻을 수 있다는 증명이기도 하다. 이 상황을 일컬은 단어가 '미적 판단의 주관적 보편타당성'이다. 주목할 점은 그 단어가 '미적 판단의 객관적 절대타당성'이 아니라는 것이다.

1 용마루

해남 미황사 대웅보전과 달마산

배경의 산세와 조화를 이루는 우아한 **용마루**[1]와 처마곡선. 이것은 전통건축을 설명하는 가장

* 이마누엘 칸트, 《판단력 비판》, §8.

중요한 문장이었다. 완만한 뒷산, 백자의 허리, 흰 버선코. 전통 건축의 교과서에서는 이 **안허리곡**[2]과 **앙곡**[3]을 조상들의 미의식과 연관하여 설명해왔다. 그 미의식은 객관적 절대타당성의 지위를 획득한 것처럼 보일 지경이었다.

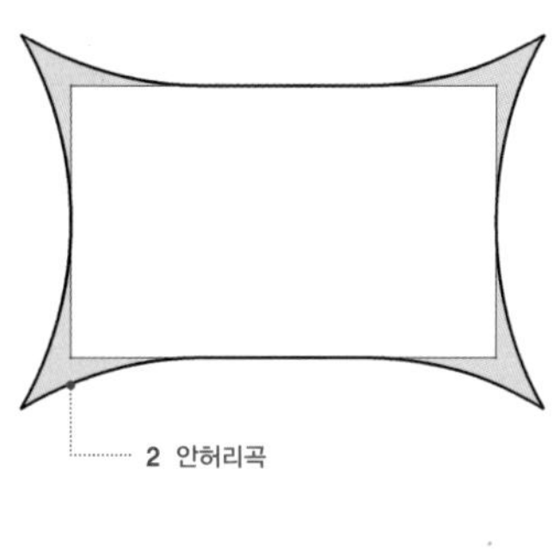
2 안허리곡

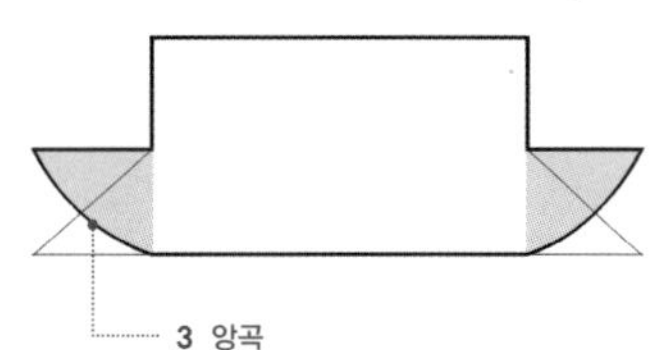
3 앙곡

그렇다면 역사 속의 모든 목수들은 단 한 종류의 아름다움에 동의했는가. 모두 안허리곡과 앙곡이 가장 아름다운 모습이라고 동의했을까. 혹시 그런 전체주의적 미감이 개별 목수의 창의성을 말살한다고 주장하는 체제 불만 세력의 주동 목수는 과연 없었던 것일까.

백자와 버선은 잘못 만들어도 사람의 목숨을 위협하지 않는다. 그러나 건물은 잘못 만들면 붕괴의 위험에 직면한다. 추녀곡선이 없다면 건물은 훨씬 더 만들기 쉽고 구조적으로도 안정적이다. 목수들은 과연 단지 시각적 미의식의 과시를 위해 이 어려움을 무릅썼을까.

이 곡선의 아름다움은 자체가 목적이었을 수가 없다. 생존을 위협하는 문제를 해결하는 데서 얻게 된 우아한 결과물이다. 그 곡선은 모서리의 안전을 위한 것이다. 기둥을 보존하기 위한 장치였다. 전통건축의 목수는 '잡지 못하면 죽는' 상황에서 달리는

창덕궁 명정전

덕수궁 중화전

창경궁 명정전과 덕수궁 중화전은 건립 시기로 보면 거의 300년 정도의 차이가 있다. 중화전의 지붕은 확연히 양식화가 된 모습을 보인다. 명정전은 추녀곡선, 중화전은 처마곡선이라고 부를 만하다.

치타의 심정이었을 것이다. 아니면 가젤이든가.

추녀를 들어 생긴 곡선이 시각적 목적의 고안이 아니라는 것을 확인하는 방법은 간단하다. 길이가 다른 두 건물을 비교하면 된다. 건물이 짧으면 처마는 과연 우아한 곡선을 이룬다. 우리가 교과서에서 읽은 그 곡선의 체현이며 사진기 파인더에 담아야 할 대상이다.

그러나 건물이 길어지면 상황이 달라진다. 건물 중앙부의 처마선은 그냥 수평선이다. 직선인 것이다. 그리고 우리가 들어오던 그 곡선은 건물 모서리에 이르러서야 불현듯 등장한다. 만일 안허리곡과 앙곡이 시각적 가치를 위한 것이라면 건물의 크기에 관계없이 지붕선은 끝에서 끝까지 적절하고 완만한 곡선을 유지해야 한다. 그러나 남아있는 건물들은 그런 판단에 고개를 가로젓고 있다.

21세기 초의 흥인문
2층 지붕의 가운데 부분이 곡선을 이루는 것은 미의식의 발현을 위한 것이 아니고 복판의 기둥 간격이 지나치게 넓어서 서까래가 처진 결과다. 숭례문도 마찬가지며 중수 전인 19세기 말의 사진을 보면 그 현상이 확연하다.

19세기 말의 숭례문

처마 전체가 곡선이 되는 것은 쳐든 지붕 모양이 양식화로 접어든 시기 이후의 일이다. 이 시기 목수들의 입장은 치타보다는 텔레비전 시청자의 입장에 가까워졌을 것이다. 추녀곡선이 아니라 처마곡선이라고 불려야 할 상황이 되었다.

다음 질문은 이렇다. 그렇다면 지붕을 받치는 구조체가 목재가 아니라 돌이나 벽돌로 이루어져있다면 추녀곡선은 필요 없는 것인가. 역시 답은 간단하다. 필요 없다.

추녀곡선은 목수가 개별 취향 존중을 전제로 거스를 수 있는 사안이 아니었다. 목수에게 남은 결정은 어느 정도나 들어 올리느냐는 것이었다. 여전히 그것은 시각적 문제가 아니었다. 변수는 빗물 입사각과 태양고도였다.

이제 좀 더 광역적으로 추녀곡선을 검토해보자. 이를 위해서는 우리 문화사에서 가장 중요한 처마로 가봐야 한다. 시대는 아마 조선 시대의 어디쯤일 것이다.

강남 제비의 목격담

> 삼월 봄바람 바야흐로 봄이 화창할 때 날짐승 길짐승들이 즐길 제, 강남에서 오는 제비 백성들의 집에 예사롭게 날아든다.*

이 제비는 웬 허름한 집 처마 밑에 거처를 막 마련한 상황이었다. 다리가 부러진 새끼 제비를 흥부가 치료해주어 무사히 강남으로 날아갔다는 그 사연이 시작된 것이다. 새끼 제비는 제법 자라 별 좋은 날에는 동네 이곳저곳을 날아다녔을 것이다. 그리고 집의 종류에는 흥부네 오막살이뿐 아니고 놀부네 기와집도 있다는 것을 알았을 것이다.

이슬이 서리 되고 가을바람이 알싸해질 때 제비는 강남으로 날아갔다. 그런데 그 목적지 강남은 압구정동, 대치동 부근이 아니다. 중국 양쯔강 이남 지역을 일컫는 말이다. 이 제비는 강남 기와집의 처마 밑에 집을 새로 짓기 시작했을 것이다. 그러다 그 추녀가 조선의 기와집들과 좀 다르다는 것을 알고 의아해

---

* 정충권 옮김, 〈흥보가〉, 《한국고전문학전집 08》, 문학동네, 2010.

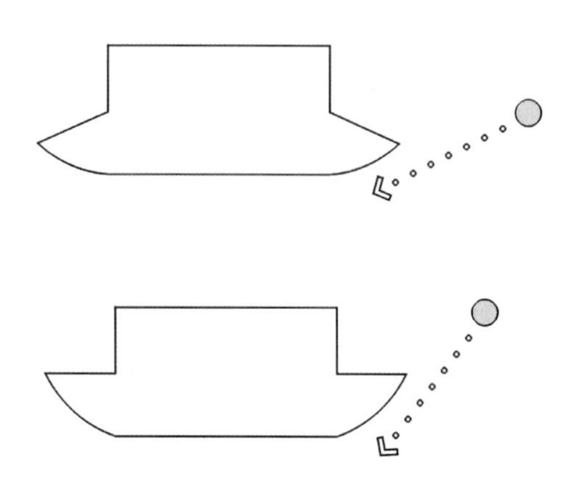

했을 것이다. 추녀가 훨씬 더 높이 들려있는 것이다.

앙곡이 수평투영 길이를 최대화하면서 햇빛을 비춰 모서리 기둥 하부의 수분 증발을 극대화하기 위한 것이라고 했다. 치켜세운 추녀 각도는 태양고도에 따라 달라져야 한다. 태양의 남중고도가 낮다면, 즉 태양이 충분히 낮게 뜨는 북위도 지역에서는 쳐든 추녀의 의미가 줄어든다. 그러나 저위도 지역에서는 태양이 높이 뜬다. 모서리에서 햇빛을 더 깊이 받으려면 추녀를 높이 들어야 한다. 과연 그럴까.

한반도 내부는 태양고도 차이를 확인할 만한 면적을 지닌 지역이 아니다. 태양고도를 변수로 한 앙곡의 변화를 확인하기 어렵다는 뜻이다. 이 경우에도 스케일을 좀 더 키워 넓은 지역으로 가자.

중국계 건축이라는 단어로 지칭되는 문화권은 대단히 넓다. 만리장성을 북부 한계선으로 하여 남으로 베트남 북부 지역에 이르는 문화권이다. 이 문화권 안에서는 건축 진화의 혈통상 유

중국의 강남인 저장성 보국사의 전각
추녀의 끝단을 허공에 매달아놓은 듯 하다.

전자가 같다. 만리장성 너머에는 중국 한족이 보기에 이름도 흉측한 흉노족이라는 상종 못할 오랑캐가 살고 있었다.

이 문화권에서 위도가 높은 지역의 건물들은 거의 앙곡이 없다. 어차피 낮게 뜬 햇빛이 기둥 하부에 충분히 닿기 때문이다. 그러나 남쪽으로 내려가면 처마가 올라간다. 치솟다 못해 그 끝단을 하늘에 뭔가로 매달아놓은 듯한 정도에 이른다. 추녀가 이처럼 솟아있지 않다면 그 그늘로 인해 기둥 하부가 계속 젖어있게 되기 때문이다.

앙곡의 차이는 중국계 건축의 북부 지방과 남부 지방이 갖는 미감 차이의 결과물이라고 볼 수 없다. 수천 년에 걸쳐 축적된 이런 일관성을 주관적인 시각언어로 해설하기는 어렵다. 이들은 수많은 시행착오의 결과물이다. 나무가 수분, 바람, 햇빛의 요구

한국 안동 봉정사

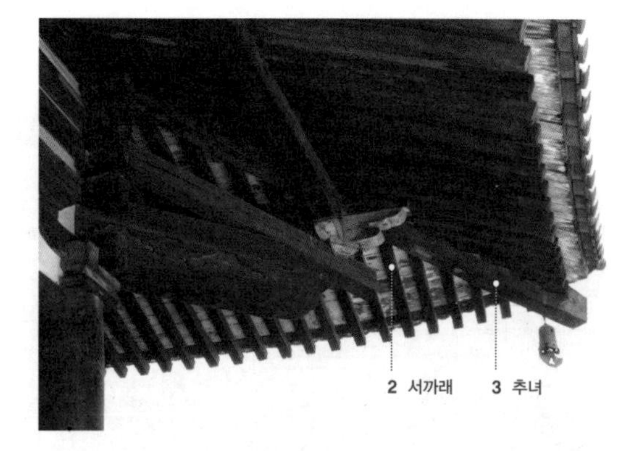

일본 나라 현 호류지法隆寺

두 나라에서 가장 오래된 건물로 알려진 한국 안동 봉정사와 일본 나라 현 호류지의 추녀 모습.

를 받아들이고 반영한 결과물이다. 즉 진화의 결과물이다.

이 상황에서 주목할 만한 것은 일본의 전통건축이 추녀를 구성한 방식이다. 한국의 전통건축은 가장 멀리 뻗어나가야 하는 추녀에게 최소한의 부담만 안겨주려고 해왔다. 추녀부의 서까래들이 부챗살처럼 뻗어나가며 자신의 무게를 최대한 스스로 감당하는 형식이다. 이 부챗살처럼 뻗어나간 자립형 서까래들을 **선자서까래**扇子椽[1]라고 한다.

그러나 일본에서는 건물 모서리의 **서까래**[2]들이 **추녀**[3]에게 신세지는 것을 두려워하지 않았다. 서까래들이 추녀에 지지되게 하는 것이다. 대륙에서 도래한 초기의 일본 전통건축에도 선자서까래가 있다. 그러나 어느 정도 시점이 지난 후에는 모든 서까래들이 병정들처럼 모두 같은 방향으로 도열해있는 방식을 취하게 되었다. 기왓골의 방향과 서까래의 방향도 일치하게 되었다. 구조적으로 경제적이라 할 수 없는 이 방식을 굳이 요구한 것은 서로 다른 사회적인 미감이었고, 가능하게 한 것은 대형 목재의 수급이었을 것이다. 일본은 한국보다 훨씬 목재 수급이 원활했던 것이다.

건물은 이제 기후와 상황에 맞추어 진화해온 것임을 좀 더 설명할 수 있게 되었다. 그러나 우리 주위에 아쉬운 대로 남아있는 유적들은 아쉽게도 이러한 설명에 일사불란하게 맞아주지 않는다. 말하자면 위도가 더 높은 지역의 처마가 더 들려있는 사례들도 종종, 혹은 뒤죽박죽 발견되기도 한다.

답 찾기가 곤궁할 때는 스승을 찾는 것이 훌륭한 길이다. 인생이 구석에 몰렸다고 생각되면 사람들은 절에도 가고 교회에도 간다. 우리는 전통건축을 이야기하고 있으니 법당으로 가보자. 부처님을 만나면 답을 주실지도 모른다.

외계인과
불상의
차이

> 발바닥에 바퀴 문양이 나있다.
> 몸의 털이 위를 향해있다.
> 손가락 사이에 물갈퀴가 있다.
> 눈썹 사이에 흰 털이 나있는데 오른쪽으로 말려있다.

이것은 어느 과대망상증 환자가 만났다는 안드로메다 외계인의 모습이 아니다. 경전에 기록된 석가모니의 모습이다.

법당에서 우리가 가장 자주 뵙는 부처님이 석가모니다. 좀 더 정확히 하면 어떤 재료로 빚어놓은 석가모니의 모습이다. 아쉽게도 석가모니께서는 오래전에 열반하셨다. 아무리 이름을 외어 불러도 우리 앞의 불상은 여전히 염화시중의 미소만 띠고 조용히 앉아계신다.

그런데 그 모습이 좀 특이하다. 정수리에는 육계라는 것을 얹은 정체불명의 헤어스타일을 하고 계신다. 이마에 보석을 갖고 계신 것도 좀 독특하다. 우리와는 많이 다른 모습이다. 그 모습은 경전의 기록과 또 다르다. 유래는 이렇다.*

* 불상의 발생과 양식화에 관한 내용은 최완수, 《佛像研究》, 지식산업사, 1984, 10-28쪽 참조.

석가모니께서 돌아가시자 다비 후 남은 몸의 유해는 팔방으로 전파되었다. 전파된 그 유해가 우리가 잘 아는 진신사리다. 그리고 이를 봉안한 곳이 바로 탑파塔婆, stupa다. 우리가 대웅전 앞에서 보는 석탑이 처음 이렇게 등장하였다.

부처님의 말씀을 듣고자 하는 이들은 점점 늘어갔다. 그러나 설파하는 내용이 실제 부처님의 말씀임을 증거할 만한 진신사리는 마음대로 증식되는 것이 아니었다. 결국 보석이나 유리, 귀금속이 그 사리의 역할을 대신하기 시작했다. 탑도 늘어갔다. 아예 이 사리함을 모신 탑 자체가 경배의 대상이 되기도 했다.

그런데 왜 갑자기 사리와 석탑을 대체하고 불상이 등장하게 되었는지에 관한 뚜렷한 단서는 없다. 그러나 아무리 보아도 막막하기만 한 석탑보다는 인격체의 모습이 더 필요하기는 했을 것이다. 대화가 될 법한 대상이기 때문이다. 신을 사람과 닮은 존재로 파악하던 그리스 문명과의 접촉설도 설득력이 있다. 그리스 문화의 영향을 받은 유럽 르네상스 시기의 화가들은 주저 없이 신을 사람의 모습으로 그렸다. 당시의 불도들도 같은 마음이었을 것이다.

서기 1세기경의 일이다. 이 말씀을 남긴 스승이 바로 이렇게 생긴 분이었다고 증명할 만한 형상, 불상이 탄생하였다. 문제는 석가모니께서 원래 어떻게 생긴 분이었는지를 아는 사람이 없더라는 것이다.

믿을 수 있는 것은 문헌 밖에 없었다. 다행히 석가모니의 모습을 적어놓은 경전이 있었다. 물론 자연인의 모습이라고는 믿어지지 않을 정도로 신비화가 된 내용들이었다. 외계인을 방불케 하는 것들이었다.

불상은 인도의 간다라와 마투라 지역에서 동시에 만들기 시작했다. 같은 상황에 대한 목격담도 오락가락하는데 같은 문헌을 보고 만든 불상이 달라도 흉 될 일은 아니었다. 우선 석가모니께서 큼직한 상투를 틀고 있었다는 것도 문헌의 서술이다. 그러나 간다라 지역과 마투라 지역은 서로 다른 모양으로 상투를 틀었다는 것이 문제다. 불상이 전해지면서 근거 문헌도 함께 가지는 않았다. 두 지역의 불상을 접한 후대의 불상 제작자들은 적당히 모양을 섞기 시작했다. 두툼한 상투 위에 골뱅이 문양 장식이 등장했다. 우리가 법당에서 접하는 부처님 정수리의 육계가 탄생했다.

부처님의 이마에 흰 눈썹이 있더라는 문장도 불상과 함께 가지는 못했다. 후대인들이 본 것은 이마에 이유와 내용을 알 수 없는 무언가가 남아있는 부처님이었다. 나름대로 해석을 하고 적당히 모양을 만들었다. 보석을 박으니 그럴싸했다.

간다라 지역에서는 청년기의 석가모니를 상정했다. 마투라 지역은 어린아이에 가까웠다. 그래서 코 아래 수염은 멀리 전파되면서 섞이다 사라졌다. 점점 사라진 수염의 자리에는 무언가 있었다는 흔적만 남았다. 그리하여 조금 긴장된 윗입술 덕에, 우리는 오늘 자비롭게 미소를 짓고 있는 부처님을 만나게 되었다. 이것이 법당에 앉아 계신 부처님의 모습이다. 설명과 근거가 빠진 채 형태만 후대에 전승되는 경우는 주위에 많다. 장인이 그런 모양으로 불상을 만든 이유는 간단하다. 스승이 그렇게 만들었기 때문이다. 스승의 스승도 그러했고.

전통건축의 목수들에게는 도면도 없이 건물을 짓는다는 것이 자랑거리였

국립중앙박물관 소장

우리에게 익숙한 모습의 불두
이 불두의 모습은 오랜 기간에 걸친 양식화의 결과물이다. 왜 이런 모습인지 알기 위해서는 문자의 학습이 필요하다.

다. 도면도 없는데 문헌이 있을 턱이 없다. 그들은 아예 글자를 읽을 수 없는 신분이었을 가능성도 크다. 오늘날 이들이 만든 건물의 각 부분을 부르는 이름이 온통 제각각인 것은 바로 이런 상황의 또 다른 방증이다. 문헌이 없으면 이유도 없다. 스승과 제자 사이에는 교과서가 아니라 묵언의 수련만 존재했다. 나를 따라 해라. 나도 스승을 따라 했다.

이렇게 이유가 생략된 채 형태가 반복되어 전승하는 것을 양식화라고 한다. 그리고 결과물로서의 그 형태가 양식이다. 우리가 입고 다니는 옷도 모두 그런 양식화를 거쳤다. 남자들 목에 걸려있는 넥타이, 여자들 발에 깔려있는 하이힐 등. 넥타이는 넓고 좁고를 반복하고 하이힐은 높고 낮고를 반복한다. 그것이 왜 처음 그 모양이 되었는지를 묻지 않고 시각적 조정만 반복하는 양식이 되었다.

최적화와 양식화가 이분법적으로 진행되지는 않는다. 게다가 전체를 이루는 부분들이 일사불란하게 같은 수준으로 양식화를 거치지도 않는다. 그러나 어찌되었건 우리가 만나는 전통건축도 양식화를 거쳤다. 그 결과물을 집합적으로 우리가 부르는 이름은 전통건축 양식이다.

그 양식은 목조건물을 닮은 형태로 만들던 석탑에도 고스란히 이어졌다. 처음 나무로 만들던 탑의 재료가 돌로 바뀌면서도 그 형태는 살짝 들린 **옥개석 모서리**[1]라는 양식으로 남았다. 지금은 사라진 목조건축 양식을 증언하는 화석에 더 가까울지 모른다.

1 옥개석 모서리

목탑이던 시절 이 부분은 기둥이었을 것이다.

익산 왕궁리 오층석탑
양식화한 목탑의 흔적은 모서리의 기둥과 살짝 들린 옥개석에서 찾아볼 수 있다.

최적화의 과정에 합류하지 못한 건물들, 즉 처마를 내밀지 않고 추녀를 쳐들지 않은 건물들은 오래 버티지 못하고 사라졌으니, 결국 우리 앞에 살아남은 것은 양식이 될 정도로 비슷한 모양에 수렴하는 것들이다. 앞으로 부딪칠 전통건축의 크고 작은 모습들이 거의 모두 이런 양식화를 거쳤다. 지금 우리가 드러내고자 하는 것은 양식화의 결과물이 아니고 그 앞에 있던 근거다. 최적화를 위해 진화하는 과정이다.

이제 전통건축에 관한 중요한 질문 하나에 대답할 수 있게 되었다. 왜 유독 맞배지붕에는 추녀곡선이 존재하지 않느냐는 것이다. 혹은 있다 해도 팔작지붕과 비교하면 그리 만들다 만 성의 표현 수준에 머물고 있느냐는 것이다.

이 기와는 박공으로 빗물이 흘러드는 것을
막기위한 장치의 하나다.

용마루의 이 곡선은 지붕에 기와가 얹히기
전 시대에 형성되었을 것이다.

2 박공

예산 수덕사 대웅전
수덕사 대웅전은 맞배지붕으로 유명하다.
우진각지붕이나 팔작지붕과 달리 맞배지붕의
처마곡선은 없거나 지극히 미미하다.

답은 이렇다. 맞배지붕에는 굳이 처마곡선을 만드는 것이 의미가 없다. 열린 **박공**[2]을 통해 모서리는 이미 위험에 노출되어있기 때문이다. 맞배지붕 처마의 어렴풋한 곡선은 역시 팔작지붕의 곡선이 양식화되고 난 후에 등장한 부정회귀不正回歸의 모습일 것이다. 말하자면 거의 모든 지붕의 처마가 곡선이니 곡선이 필요 없는 지붕에도 슬쩍 곡선을 끼워넣었을 것이다. 그 건물 안에서 부처님이 미소를 짓고 있는 것이다.

지금까지 지붕의 기본적인 외곽선을 규정하는 문제들은 거의 해설이 되었다. 그러나 어떤 노정을 거쳐왔다고 하더라도 변하지 않은 사실이 있다. 나무라는 재료다. 전통건축에서 잔존 유구 외에 그 진화의 궤적을 파악할 수 있게 하는 단서는 나무라는 재료다. 최적화건 양식화건 그 변화는 이 재료의 테두리 안에서 진행될 수밖에 없다. 이제 그 나무가 구체적으로 어떻게 목조건물을 규정해왔는지 들여다보자.

아련한
숲의
기억

나무의
일생

> 호랑이는 죽어서 가죽을 남기고
> 사람은 죽어서 이름을 남긴다.

사람이 추구해야 할 가치관을 설명하겠다는 그 깊은 뜻은 충분히 이해할 만하다. 그러나 막상 호랑이가 이 이야기를 들으면 어이없고도 기막혀했을 것이다. 자신이 결국 웬 산적 같은 인간이 걸칠 겉껍데기가 되기 위한 존재였다니. 아니면 그의 집 마룻바닥에 깔릴 한 장 카펫이 되거나. 종의 개체로서 유전자를 실어나르는 것이 아니고 대청에 깔릴 가죽이 되기 위한 존재였다면 호랑이야말로 네모난 몸체를 갖는 진화를 거쳤을 것이다.
이번에는 목수다. 그는 좀 다른 문장을 들먹거릴 것이다.

> 나무는 죽어서 기둥을 남기고
> 사람은 죽어서 이름을 남긴다.

숲의 나무들도 이 이야기를 들으면 호랑이만큼이나 어이없어 할 것이다. 이들은 애초에 인간의 집을 구성하는 부재가 될 생각이 요만큼도 없었다. 목수가 등장하기 전까지 나무들도 자신의 유

백두산의 숲
울창한 숲은 목조건축을 위한 전제 조건이다. 전통건축의 부재들은 숲에서 원래 이런 모양이었다.

전자를 전파하는 목적을 갖고 있었을 따름이다. 나무를 다스리고 다듬어서 집에 필요한 부재를 만든 것은 사람의 입장일 뿐이다. 그 나무들이 살아서 무엇이었고 어떠했는지를 잠시 살펴보자.

숲을 떠돌던 홀씨 한 알은 물 많고 양지바른 자리에 안착해서 싹을 틔웠을 것이다. 나무는 다음 세대에 퍼뜨릴 더 많은 홀씨들을 준비하기 위해 일단 자신이 튼튼하게 자라야 한다. 더 많은 물기를 빨아들이기 위해 더 깊이 뿌리를 내려야 한다. 그리고 더 많은 햇빛을 받기 위해 더 높이 자라고 더 넓게 가지를 뻗어야 한다. 생존을 위해 경쟁해야 한다. 숲은 소리없이 분주하다. 그리고 치열하다.

경주 감은사지의 노거수
나무의 이런 모양은 구조적으로 대단히 비효율적이나 생존에는 최적화된 결과물이다.

깊이, 그리고 넓게 내린 뿌리는 위로 드러난 나무를 지탱하는 구조적 요구 조건에도 잘 부합한다. 그러나 가지와 잎이 무성한 윗부분은 좀 다르다. 더 넓은 면에서 햇빛을 받기 위해서는 가지가 넓게 퍼져야 한다. 나무는 가분수가 된다. 광합성이라는 점에서는 효율적이지만 태풍에 취약한 구조적 형태다.

더 넓은 면적에서 잎을 피워야 한다는 것은 종 자체의 생존과 관련한 것이다. 타협의 대상이 아니다. 나무가 선택한 방법은 명료했다. 몸통을 튼튼하게 보강하는 것이다. 그 몸통은 뿌리에서 올려보내는 양분을 운반하는 수관의 역할을 하기도 한다.

나무가 고요한 숲 속에서 서있기만 해도 된다면 나무 몸통은 그냥 적당한 양의 수관을 갖추고 윗부분의 무게를 버틸 정도로만 두꺼워지면 된다. 그러나 우산과 건물에 비가 들이치도록 한 그 바람은 나무에도 가혹한 도전장을 내민다. 나무를 밀어 휘려고 하는 것이다. 바람이 더 거세지면 충분히 강도를 갖추지 못한 나무는 꺾인다.

생물 교과서에 쓰인 바에 의하면 식물세포는 세포벽을 구조체로 삼는다. 최소한의 강성을 갖고 있는 박막 구조체가 서로 묶여 나무 전체를 지탱한다. 세포벽의 강도 자체는 인장력이나 압축력에 대해 동일하다. 그러나 얇은 벽체는 당기는 힘, 즉 인장력보다 누르는 힘, 즉 압축력에 취약하다. 문제는 압축력을 받으면 이 벽체가 구겨진다는 데 있다. 말하자면 세포벽에 좌굴, 혹은 버클링buckling이 생기는 것이다.

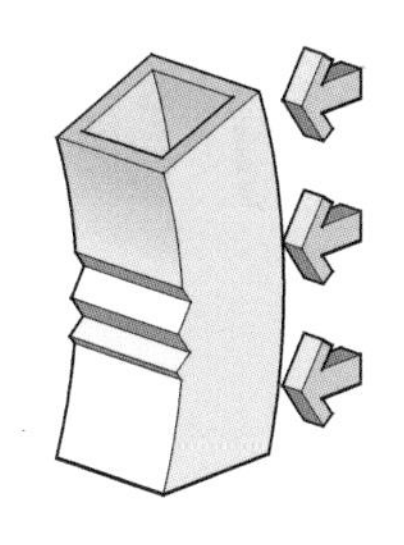

바람이 나무를 옆으로 밀면 나무가 휘게 된다. 바람이 불어오는 쪽으로는 세포벽을 잡아당기는 힘이 작용하고 반대쪽으로는 누르는 힘이 작용한다. 바람이 불어나가는 쪽 세포에 버클링이 발생하면서, 즉 세포벽이 구겨지면서 나무의 파손이 일어난다. 압축이 문제다.

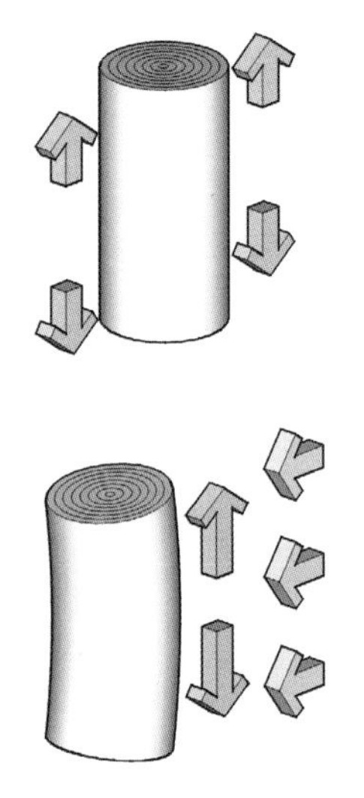

그러나 나무의 몸통은 신기하게도 이 문제를 대비한 상태로 생장하고 진화해왔다. 나이테의 외곽 생장외피에 미리 인장력이 걸리는 상태로 성장하는 것이다.* 이를 생장응력이라고 부른다.

전문적인 용어로 말하자면 외피 부분에 인장력의 프리스트레스prestress를 걸고 있는 것이다. 그렇다 보니 여기 압축력이 가해져도 기존에 걸려있는 인장력과 상쇄가 되면서 나무 몸통은 바람에 최대한 저항을 해내게 된다. 나무는 생장외피가 보존된 상황에서 횡력에 가장 잘 버텨낼 수 있다.

---

* 목재의 이런 재료적 거동에 관한 이후의 설명은 J. E. Gordon, *The Science of Structures and Materials*, Scientific American Library, 1988, pp.163-171 혹은 J. E. Gordon, Structures, Penguin Books, 1978, pp.280-285 참조.

목재가 된
후의
문제

금도끼와 은도끼

정직함을 근거로 횡재한 나무꾼의 이야기다. 그러나 나무꾼이 나무꾼이기 위해서는 금은으로 만든 도끼가 아니라 쇠도끼가 필요하다.

평화로운 숲에 드디어 그 나무꾼이 등장했다. 무정한 나무꾼은 두 손에 침을 퉤퉤 뱉고는 나무 밑동에 거침없이 쇠도끼를 들이댔다. 나무는 이제 이승의 생을 마감하고 목재로 환생하는 순간을 맞게 되었다. 환생한 기둥과 보는 각각 전혀 다른 하중 조건에 놓이게 된다.

기둥은 길이 방향으로 누르는 하중을 받는다. 나무로서 숲에서 서있던 모습 그대로 압축력을 받는다. 무성한 가지와 잎의 무게가 지붕의 무게로 바뀌었을 따름이다. 그러나 보는 옆으로 누운 채 하중을 받는다. 지붕의 무게가 보를 옆으로 휘려고 한다. 보는 나무가 숲에 서있던 시절 몰아치던 바람의 압력을 버텨내던 조건을 따르게 된다. 건축 부재로서 목재를 가장 경제적으로 이용하는 방법은 나무의 단면 손실을 최소화하는 것이다. 그러나 그 이유는 기둥과 보의 경우에서 각각 다르다.

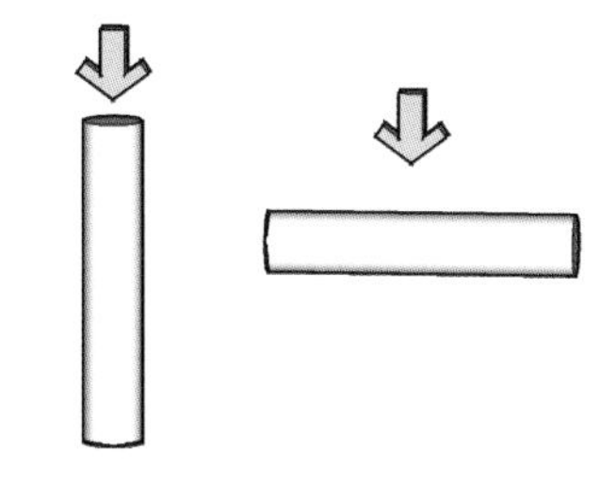

기둥이 하중을 견뎌내는 힘은 굵기에 비례한다. 나무를 가공하여 굵기, 즉 단면적을 줄이면 견딜 수 있는 하중이 줄어든다. 그래서 기둥으로서 목재를 가장 효율적으로 이용하는 방법은 원래의 모습에 가까운 형태로 쓰는 것이다. 최대의 단면적을 갖기 때문이다.

기둥을 모양 따라 거칠게 나누면 원기둥과 각기둥이 있다. 원기둥은 의례의 건물에서 사용되었고 민가에서는 허용되지 않았다. 물론 민가에서 원기둥을 쓰지 못하게 했던 것은 이데올로기의 이유도 충분히 있었다. 어쨌든 각기둥은 원래 서있던 나무를 가공하여 일부만 사용한다는 것을 의미한다. 기둥을 사각형으로 깎으면 단면이 작아지면서 버틸 수 있는 하중도 작아지고 결국 건물도 그만큼 작아질 수밖에 없다. 각기둥의 강요는 규모 규제의 유효한 수단이 되기도 했을 것이다. 동그라미는 네모보다 제대로 그리기가 훨씬 어렵다. 현실적으로 원기둥보다는 각기둥이 재단이 용이하다는 현실적인 근거도 있었을 것이다.

요즘 목재는 백두대간이 아니라 서양 신대륙에서 수입해온다. 이 목재들은 입이 떡 벌어지게 큰 덩치를 자랑한다. 그래서 최근의 원기둥은 우선 사각기둥으로 적절한 크기와 평활도를 확보하고 나서 다시 이를 깎아 동그란 단면으로 만든다. 그러나 지금 전통건축의 목수 앞에 놓인 목재는 심산을 누빈 후 간신히 구해온 것이다.

우리는 기둥으로 쓸 튼실한 나무를 구했다. 처음의 기둥은 땅을 파고 꽂아서 세웠을 것이다. 그러나 이 방식이 긴 부재를 요구하고 되메운 부분의 신뢰도가 떨어진다는 점은 이미 설명하였다. 다른 문제는 땅에 묻힌 부분이 특히 부식에 취약하다는 것이다. 흙은 거의 항상 수분을 함유하고 있어서 나무기둥을 땅에 묻는 것은 부식을 재촉하는 일이다.

대안은 우산을 손바닥 위에 세우듯 기둥도 땅 위에 세우는 것이다. 그러나 이 기둥들을 맨땅 위에 세워놓을 수는 없다. 흙은 하중을 충분히 받아낼 만큼 튼튼하지 않다. 수분의 문제도 여전히 해결된 것이 아니다. 게다가 지표면은 평탄하지 않다. 지형은 이미 오래전부터 빗물의 침식을 받아왔고 그 결과물로 삼차원의 곡면을 이루고 있다. 이 울퉁불퉁한 지면 위에 우아한 건물을 올려놓아야 한다.

우리는 지금 안허리곡과 앙곡까지 모두 갖추고 완성된 모습의 지붕을 갖고 있다. 지붕이 이 모습을 유지하려면 기둥이 제 위치에서 제 높이로 정렬해있어야 한다. 이 정렬이 쉬운 문제가 아니다.

쉽게 생각할 수 있는 방법은 **기둥의 하단부**[1]들을 지형에 맞추는 것이다. 지면의 고저차에 따라 서로 다른 길이의 기둥을 세우면 기둥 상단이 잘 정렬된다. 건물이 생각이나 말처럼 쉽게 세워질 수 있는 것이라면 나쁘지 않은 방법이다. 그러나 흙, 나무라는 재료와 현실 상황을 상상해보면 이것은 곡예거나 도박이거나 불가능한 방법이다.

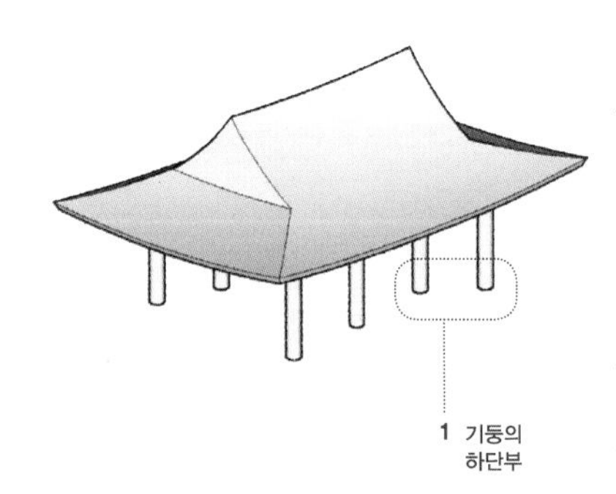

건물을 지형에 맞출 수 없으면 지형을 건물에 맞춰야 한다. 자연 지형 위에 인공 수평면을 만들어 얹는 것이다. 그 수평면이 침하 없이 제 위치를 유지해준다면 기둥의 상단 높이도 예측 가능한 수준에서 통제할 수 있다. 그리고 신뢰할 수 있는 지붕을 얻을 수 있다. 비록 작업 시간은 오래 걸려도 안전하고 믿을 수 있는 방법이다. 우리에게는 기단이 필요하다.

다음은 기단의 크기를 결정할 차례다. 기단은 당연히 기둥이 만드는 평면의 사각형보다는 커야 한다. 그러나 무작정 크다고 좋을 리가 없다. 지붕에서 흘러 수직으로 떨어진 빗물이 기단면에서 다시 튀어 기둥을 적시지 않을 정도의 크기여야 한다. 즉 지붕의 빗물이 기단 밖으로 떨어져야 한다. 그러려면 기단 외곽

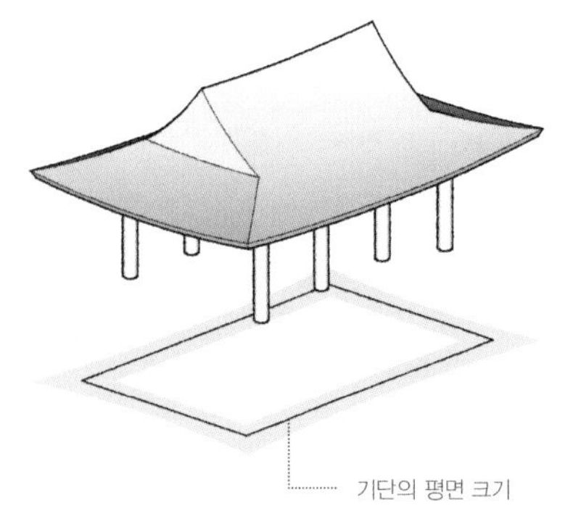

이 흔적의 위치가 기둥의 수명을 좌우한다.

창덕궁의 어느 기단과 지붕에서 떨어진 빗물이 땅에 새긴 선
이 빗물이 기단 위에 떨어진다면 건물은 훨씬 더 취약해질 것이다.

선이 지붕선 밖으로 나가서는 안 된다. 따라서 기단의 크기는 건물 평면보다 크고 지붕의 수평투영면보다 작아야 한다.

기단의 높이는 어떻게 결정해야 할까. 우선 언덕에서 흘러내리는 물줄기보다 충분히 높이 있어야 한다. 그래야 장마철 물길로부터 기둥을 보호할 수 있다. 이것이 기단의 최소 높이다. 기단이 더 높아지는 것은 문제될 것이 없다. 만들기에 더 오랜 시간이 걸릴 일이었다. 내려다보기를 좋아하고 그 높이가 사회적 지위를 표현한다고 믿는 이들은 기꺼이 기단을 높였다.

크기와 높이가 결정되었으면 이제 만들자. 충분한 강도를 갖고 있으면서 함유 수분이 없는 재료가 필요하다. 재료는 돌일 수밖에 없다. 그래서 기단의 조성에 적지 않은 시간이 걸린다. 그러나 위험하거나 불가능한 작업은 아니다. 기단 만들 여력이 없으면 기둥 위치에만 적당한 크기의 돌을 놓게 된다.

아래 처마에서 떨어진 빗물이 새긴 흔적이 이 지점에 있다.

이 처마의 수평투영선은 기단의 바깥쪽에 있다.

이 처마의 수평투영선은 기단의 안쪽에 있다.

특이하게 지붕이 두 겹인 창덕궁 후원의 존덕정
원래 이름이 십이면정이 아니고 육면정이었으나 처음에는 한 겹 지붕의 정자였을 것이다. 지붕보다 기단이 넓고 툇마루의 높이도 낮아 문제가 되었을 터인데, 덧댄 지붕 덕에 처마 외곽선이 기단 밖으로 나가게 되었다.

기단이 완성되었으면 기둥을 세워야 한다. 그 기단은 아무 돌이나 손에 잡히는 대로 툭툭 던져넣어 쌓은 것이 아니다. 건물의 크기와 기둥의 위치를 염두에 둔 정교한 작업의 결과물이어야 한다. 특히 기둥의 위치가 중요하다.

건축 작업이 복잡하고 어려운 이유는 집 전체가 서로 엮여 유기적 체계를 이루고 있기 때문이다. 요즘 설계로 치면, 지하 주차장을 고치는 순간 옥상 기계실도 덩달아 죄 다시 자리를 잡아야 하는 것이다. 기둥, 엘리베이터, 그리고 각종 설비 조직들이 건물 지하에서 옥상까지 연결되어있기 때문이다. 전통건축에서도 상황은 다르지 않았다. 용마루의 위치가 바뀌면 기둥의 위치도 바뀌어야 한다. 기초의 위치도 재지정해야 한다. 거꾸로 기초가 움직이면 기둥 전체가 재정렬해야 한다. 지붕이 흔들린다.

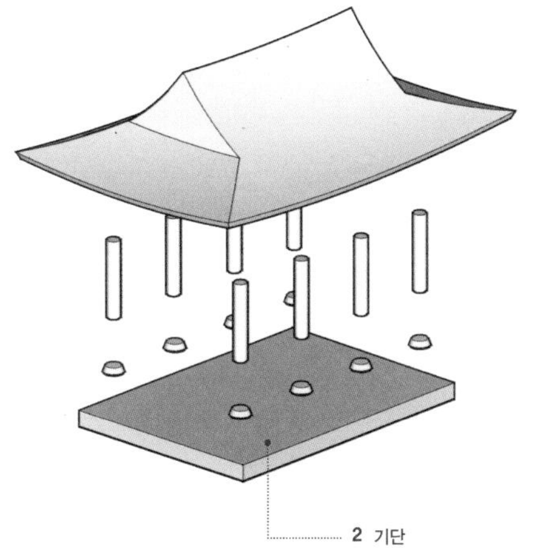

기단[2]을 만들 때 지붕에 대한 고려가 없다고 해보자. 여러 돌이 아무렇게나 만나 눈금을 이루는 지점에 기둥의 위치가 잡혔다고 하자. 이 돌들이 하중을 받으면 각각 서로 다르게 침하한다. 기둥은 기울고 지붕은 불안정해진다. 건물이 곧 무너

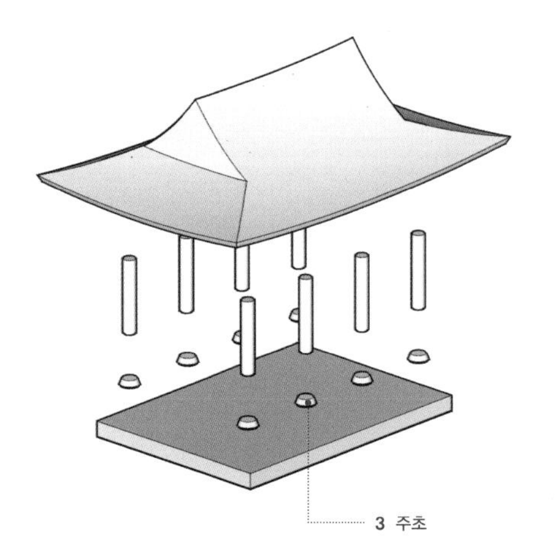

질 위험에 처한다. 이런 상황을 미리 막으려면 기둥의 위치에는 적당한 크기와 깊이를 가진 돌 하나가 꼭 맞게 자리를 잡고 있어야 한다. 이 돌이 **주초**[3]다. 주춧돌이라고도 하는 그 돌이다.

올려놓을 기둥의 위치로 주초의 위치가 결정되었으니 주초 모양도 기둥을 따라야 하는 것은 자연스럽다. 크기도 기둥에 맞춰야 한다. 그 주초의 수는 기둥 수와 같다. 그런데 이것이 좀 많다는 게 문제다.

배흘림의 논리

찔레꽃 붉게 피는 남쪽 나라 내 고향
언덕 위의 초가삼간 그립습니다

제국주의자들이 일으킨 태평양전쟁으로 그 식민지도 뒤숭숭하던 시절이었다. 당시에는 고향 잃은 슬픔이 요즘으로 치면 사랑의 배신과 슬픔만큼이나 구구절절한 가요 주제였다. 그런데 언덕 위에 있던 그 집은 어떤 것일까.

전통건축에서는 한 칸間의 개념이 벽일 경우와 방일 경우가 있다. 벽에서 기둥과 **기둥 사이의 간격**[1]을 한 칸이라고 하기도 한다. 방을 지칭한다면 기둥 네 개로 구획된 **사각형 공간**[2]을 한 칸이라고도 한다. 아흔아홉 칸 고래등 같은 기와집, 초가삼간 오두막집과 같은 표현에 해당하는 의미다.

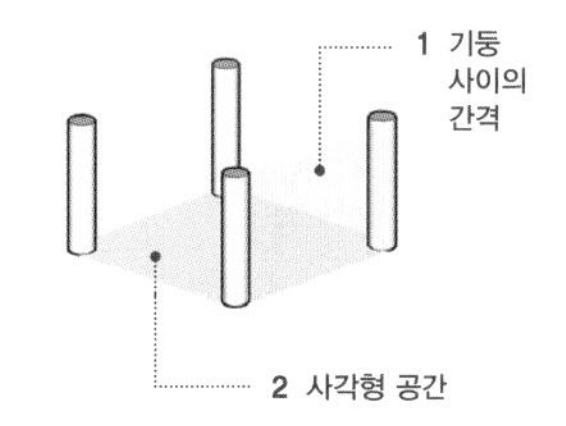

그런데 이 **세 칸 집**[3]만 해도 기둥은 여덟 개가 필요하다. 그러면 필요한 주초도 여덟 개다. 건물이 커지면 기둥과 주초의 수도 마구 많아진다. 도면으로만 그리면 점 하나씩만 더 찍으면 되는데 현실에서는 점 하나가 돌 하나, 나무 한 그루다. 이것들을 잘 재단해서 짜맞추는 수고가 필요하다.

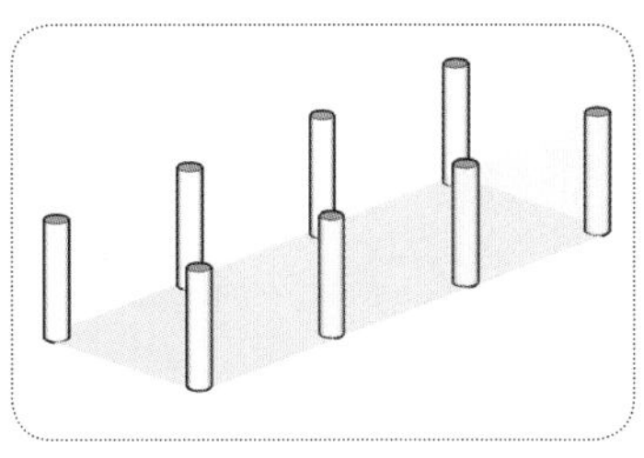
3 세 칸 집

고향집은 초가집이니 기둥 없이 흙벽을 쌓았을 수도 있다. 기둥이라면 사각기둥이었다. 의례의 공간을 위해 원기둥을 쓰려면 주초도 따라서 동그랗게 다듬어야 한다. 기둥이 줄을 맞춰 서있을수록 시공 오차는 더 부각된다. 기둥과 주초의 크기와 모양이 모두 정교하고 깔끔하고 가지런하게 가공되어야 한다. 그런데 이 주초의 재료는 돌이다.

이 단단한 돌을 다듬는 것은 나무를 다듬는 것과 차원이 다르다. 훨씬 더 많은 시간과 공력이 요구된다. 좀 더 능률적으로 건물을 만드는 방법은 없을까. 돌보다는 차라리 나무를 깎는 것이 더 손쉽겠다고 생각하는 사람들도 있었을 것이다.

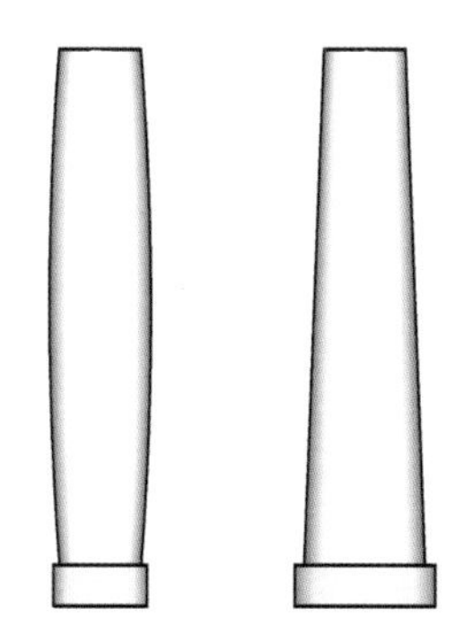

우선 숲에 있던 나무를 최소로 재단한 원기둥을 세운다고 생각하자. 이 기둥은 나무의 성장 방향을 따라 위로 올라가면서 다소 가늘어진다. 따라서 기둥에서 가장 굵기가 굵은 곳은 바로 가장 아랫면이다. 주초와 만나는 부분인 것이다.

굵은 기둥의 아랫부분을 좀 가늘게 만든다면 그만큼 주초의 크기가 작아질 수 있겠다. 돌의 가공 작업량이 대폭 줄어든다. 실제로 어느 목수가 기둥 하부를 깎아보았을 것이다. 사실 그 전의 기둥은 그보다 긴 부재를 적당히 토막 쳐서 만든 듯한 느낌을 주기도 했다. 그러나 이번 기둥은 그 자리, 그 크기에 꼭 맞춰 재단했다는 느낌도 준다.

지금 우리가 얻게 된 것은 위는 원래 태생대로 가늘고 아래는 목수가 줄여 가늘어진 기둥이다. 상대적으로 가운데 부분이 불룩해진 모습이다. 우리가 부르는 이름은 배흘림기둥이다.

교과서를 읽으면 배흘림기둥에 대한 설명들이 모두 같다. 기둥의 중간 부분이 가늘어 보이는 착시 현상을 보정하기 위해 기둥의 배를 불룩하게 해놓았다는 것이다. 고대 그리스의 수학자이며 과학자였던 헤론•이 설명한 것을 그대로 차용해 온 것이다. 그는 전통건축이 아직 제대로 모양을 갖추기도 전 시대에 지구 반대편에서 살던 사람이다. 과연 이 고대 서양인의 추론으로 우리 전통건축을 해설하는 게 옳은 것일까.

확인해보자. 밋밋한 원통형 기둥을 뚫어지게 바라보자. 첫 번째 질문은 그 중간 부분이 정말 가늘어 보이느냐는 것이다. 과연 그렇다고 대답하는 사람은 얼마나 될까. 가늘어 보인다고 대답

• Hero of Alexandria. 〈커피 한잔의 추억〉 꼭지에서 사각형의 면적과 비교하여 삼각형의 면적을 계산하게 해준 〈헤론의 공식〉의 그 헤론이다.

강릉 임영관 삼문의 배흘림기둥
이 모습이 착시 보정을 위한 것이라면 우리 눈에는 결국 깔끔한 원통 모양으로 보여야 한다.

한 그 사람에게 그러면 얼마나 가늘어 보이느냐고 다시 묻자. 보일 듯 말 듯 참으로 미묘한 정도라고 할 것이다.

그렇다면 다음 질문은 착시 보정에 관한 것이다. 그 미묘한 차이를 보정하려면 그 조치도 미묘해야 할 것이다. 너무나 미묘하여 결국 그 기둥이 밋밋한 원통이라고 우리가 믿을 수 있는 정도여야 한다. 그러나 우리 앞에 놓인 것은 누가 보아도 노골적으로 배가 불룩한 기둥이다. 기둥이 애를 낳으려는지 만삭이 다 된 모습이다.

간혹 배흘림기둥이 버클링에 저항하는데 유효한 모습이라는 의견도 있다. 버클링은 압축 부재의 허리가 꺾이는 것이고 재료의 강도와 관련 없이 부재의 형상과만 관계가 있다. 허리가 굵은 압축 부재는 버클링 저항이 크다.

재료를 덧붙여나가면서 기둥을 만든다면 기둥 허리 단면만 크게 하여 경제적으로 버클링 저항을 높일 수 있다. 그러나 목재는 원래의 모습에서 계속 깎아나가면서 가공하는 재료다. 기둥 아랫단을 깎아낸다고 버클링 저항이 더 커지는 것은 아니다.

비교적 석재 가공의 완성도가 높던 시대가 있었다. 그 시대의 건물 유적으로 우리에게 남아있는 것은 주초들 밖에 없다. 이들은 대개 당시의 석조 재단 실력을 보여주듯 정교하게 동그란 모습들을 하고 있다. 이들 위에 얹힌 것들이 원기둥이었을 것이다.

경험치를 동원해서 잘 보면 이 주초들은 크기가 작다. 주초는 그 위에 얹힐 기둥보다 더 넓다는 점을 고려하면 이 주초들의 동그라미는 신기하게 작다. 이들 위에는 아마 배흘림기둥이 올라섰을 것이다.

석재 가공에서 완성도가 높던 시대가 저물었다. 주초 가공에 집착하지 않던 시대에는 굳이 기둥의 하부를 줄일 필요가 없었다. 이들은 원래 그 기둥이 나무였던 시절의 모습과 크게 다르지 않으니 별로 신기할 것이 없다. 석재를 적당히 다듬던 모습은 결국 전혀 다듬지 않는 수준에 이르렀고 그 지점이 바로 조선 시대였다.

조선 시대는 석재 가공의 수준이 그로부터 약 1000년 전보다 훨씬 후퇴한 시대다. 석가공에서 부조의 깊이는 전 시대에 비해 현저히 낮아졌다. 석가공에 대한 사회적 요구가 이전 시대만큼 높지 않았거나 필요한 재원의 집중도가 낮아진 게 그 이유일 것이다. 조선 시대에는 주초 가공을 아예 포기한 경우들이 등장했

영주 부석사 무량수전 배흘림기둥과 이를 받치는 주초
가공해야 할 원형의 크기는 기둥의 아랫단 지름에 비례한다.

덤벙기초와 그랭이 기법으로 다듬은 기둥
조선 시대의 이 자연스러움 위에 얹히는 것이 정교하고 화려한 포작이다.

다. 적당한 크기의 막돌을 그대로 쓴 덤벙기초라는 것이다. 나무 기둥의 하부를 굵어서 이 거친 면에 맞추었다. 그랭이질이라는 것이다.

주초를 거친 상태로 그냥 쓰면 기둥과의 마찰도 늘어나면서 좀 더 안정적이라는 생각도 들었을 것이다. 조선 시대는 심지어 대강 가지치기만 한 나무를 기둥과 보로 사용하기까지 한 시대였다. 아랫부분을 다듬지 않아 원래 나무에서 크게 벗어나지 않은 기둥들이 있다. 아래로 갈수록 굵어지는 민흘림기둥이다.

배흘림에 관해 주초와 연관된 설명이 과연 옳은 것인지를 확인할 길은 없다. 당시의 목수를 만나 연유를 물어볼 길이 없는 것이다. 게다가 우리에게 남아있는 배흘림기둥의 개수는 별로 많지도 않다. 그러나 배흘림기둥이 지닌 현실적 장점은 충분히 설명할 수 있다. 배흘림기둥의 목적은 미감의 만족이 아니고 제약의 극복이었을 것이다.

기둥의 모양이 결정되었으면 이제 보를 다듬자.

네모난
보의
사정

양상군자梁上君子

도둑을 일컫는 말이다. 중국의 《후한서》에 등장하는 그는 대들보 위에 숨어 올라서서 날이 어둡기를 기다리는 중이었다. 이 대들보의 생김이 그럴 만했기에 올라서서 숨어 기다릴 마음을 먹었을 것이다. 보는 왜 그런 모양을 갖게 되었을까.

설명한 대로, 옆으로 미는 힘이 가해질 경우 압축력에 최대한 버텨낼 수 있도록 외피에는 인장력의 프리스트레스가 걸려있다. 이 외피를 걷어내면 세포벽은 프리스트레스를 잃어버린다. 가장 경제적인 방식은 겉껍질만 걷어내고 보로 사용하는 것이다. 그러나 보를 이렇게 동그랗게 만드는 것은 합리적이지 않다.

보는 그냥 기둥 위에 얹혀 속 편히 쉬는 존재가 아니다. 지붕의 무게를 천형처럼 짊어지고 이를 기둥에 옮겨주어야 할 임무를 띠고 있다. 그렇다 보니 보의 모양을 결정짓는 변수는 크게 두 가지다. 하나는 어떻게 하면 그 위의 무게를 효과적으로 받아오느냐, 다른 하나는 어떻게 하면 그 무게를 기둥에 적절하게 전달하느냐다. 첫 번째 변수는 보의 크기나 단면 모양과 관련이 있고 두 번째 변수는 보의 끝단 모양과 관련이 있다.

나무는 이미 잘라 왔으니 그 크기를 줄일 수는 있어도 키울 수는 없다. 그런데 큰 나무는 하중을 받는 데 유리하지만 자신의 무게도 덩달아 무겁다. 더 가벼우면서 더 많은 하중을 받게 하는 방법은 단면 모양을 다듬어서 이뤄야 할 숙제다.

잘려나간 나무의 밑동
자신의 생존 조건에 맞춰 최적화한 모습의 단면이다.

나무의 단면은 원형이었다. 그런데 원형은 보의 입장에서 합리적인 모양이 아니다. 보 위에 지붕 부재들을 차곡차곡 얹어놓으려면 윗면이 평평해야 한다. 양상군자가 올라가서 날이 어둡기를 기다리기 좋은 바닥면이 이런 이유로 마련된 것이다. 중국의 후한 시대인 2세기 이전에 이미 목조건물들은 거의 완결된 모습을 갖추고 있었던 모양이다.

보의 아랫면은 기둥의 윗면에 얹힌다. 그런데 보의 아랫단이 동그라면 이를 얹을 기둥의 윗단도 동그랗게 파야한다. 보의 원이 크면 기둥을 쪼개거나 변형시킨다. 보의 원이 작으면 기둥 위에서 보가 굴러 움직인다. 두 원의 크기가 정확하게 일치해야 하는데 이건 쉬운 일이 아니다. 보의 아랫면도 평평하게 가공하는

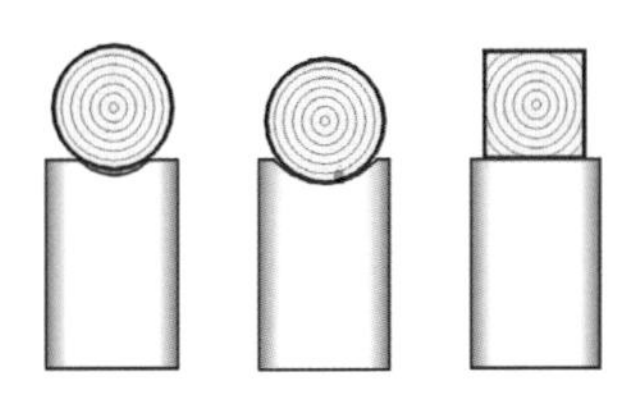

것이 합리적이다. 보의 단면 모양의 대안은 바로 사각형이다.

원형에서 가장 얻기 쉬운 사각형은 정사각형이다. 그런데 보가 옆으로 넓은 것은 구조적으로 크게 도움이 되지 않는다. 보 넓이가 두 배가 되면 두 배의 하중을 받을 수 있다. 이 하중에는 두 배로 늘어난 자신의 무게도 포함된다. 그러나 보의 위아래 치수, 즉 춤을 두 배로 키우면 그 제곱인 네 배의 하중을 받을 수 있다. 수많은 시행착오를 통해 목수들은 이 상황을 알아차렸을 것이다. 게다가 정사각형 단면의 보는 기둥에 끼워놓기에 폭도 너무 넓다.

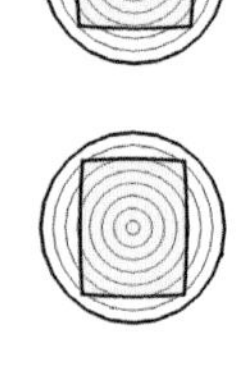

보로 쓰기에 적합한 단면은 수직으로 장변인 직사각형이다. 원래 원통형이었던 나무를 잘라 직사각형을 만들되 최대의 크기를 확보하는 방법은 무엇인가. 원에 최대한 내접하는 모서리 곡률을 지닌 직사각형이다. 우리가 익숙하게 만나는 모서리가 둥글둥글한 보가 그래서 생겨난 것이다.

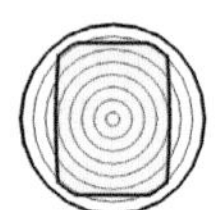

다음은 보의 끝단을 다듬어 기둥과 조합할 차례다. 하중을 기둥에 넘겨주는 부분이다. 보를 기둥에 단순히 얹어놓기보다 잘 다듬어 끼워놓아야 안정적일 것이다. 이 무거운 기둥과 보의 조립 작업은 허공에서 이루어진다. 어렵고 위험한 일이다. 보를 들

어울리기 전에 이미 제대로 가공이 되어있어야 한다. 크기도 기둥 간격에 맞춰 적당해야 하고, 접합이 될 부분도 기둥 상단에 맞춰 미리 정교하게 가공이 되어있어야 한다.

통영 세병관의 기둥과 대들보
최대 크기의 건물을 만들기 위해서는 부재의 강도를 최대한으로 이용해야 했고 보의 단면 모양도 그 원칙에 따라 결정되었다.

주먹 쥔 보

> 여기 입구는 좁지만 안으로 들어갈수록 깊고 넓어지는 병이 있다. 조그만 새 한 마리를 집어넣고 키웠지. 이제 그만 새를 꺼내야겠는데 그동안 커서 나오질 않는구먼.•

방황하는 젊은이에게 노승이 던진 화두는 이렇다. 병 속에 콩이 들어있을 수도 있다. 땅콩이어도 되고 좁쌀이어도 된다. 꺼내려면 손을 넣고 집어야 한다. 쥔 주먹은 병목에 끼어 나오지 않는다. 손을 꺼내려면 새도 콩도 포기하고 손을 펴야 한다.

건물에서는 이렇게 병목에 낀 주먹 같은 상황이 필요할 경우가 있다. 두 부재가 빠지지 않게 연결되어야 하는 경우다. 그래서 이렇게 부재의 끝단을 주먹처럼 맞춰 일체화하는 것이 주먹장 맞춤이다. 방향이 다른 부재를 맞추는 경우는 **맞춤1**이라고 한다. 길이를 연장하는 것을 **이음2**이라고 한다. 물론 맞춤과 이음의 방식은 주먹장 외에도 다양하다. 이들의 공통적인 목적은 연결된 부재를 일체화하는 것이다.

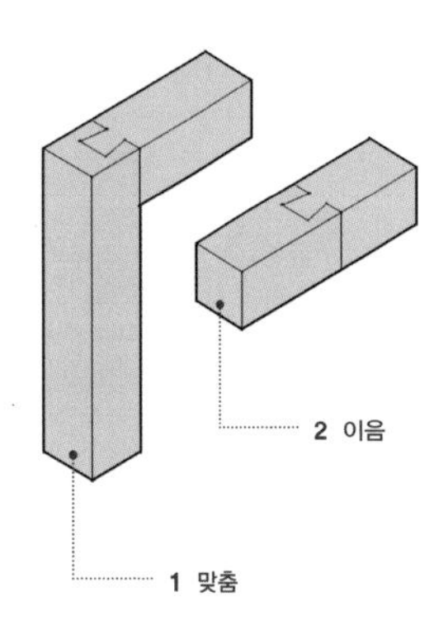

• 김성동, 〈만다라〉, 《한국소설문학대계 73》, 동아출판사, 1995, 25쪽.

보에게는 지붕 하중을 전달하는 것 이전에 수행해야 할 임무가 또 있었다. 시공 과정에서 기둥이 넘어지지 않도록 잡고 있어야 한다. 때로는 이 두 용도가 구분된 수평 부재가 사용되기도 했다.

구조재가 아니고 기둥을 잡고만 있는 부재라면 크기가 클 필요가 없다. 이런 수평 부재를 창방이라고 부른다. 기둥 세우기가 불안정한 배흘림기둥에서는 특히 창방이 꼭 필요한 부재다. 이때 기둥과 창방의 조합은 **주먹장맞춤**[3]으로도 충분하다.

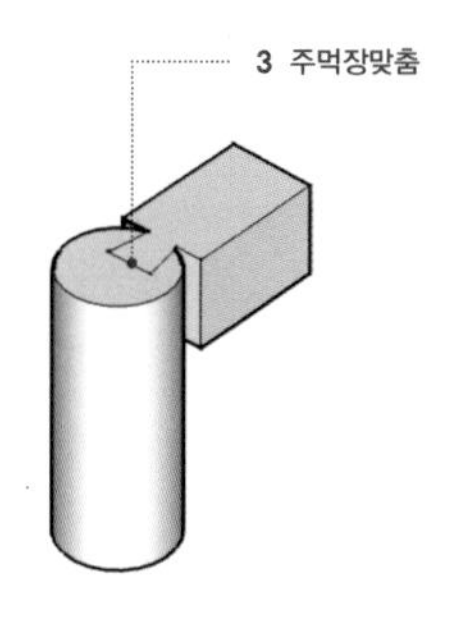
3 주먹장맞춤

지붕의 무게를 받아 기둥에 전달해야 하는 역할을 하는 보는 크기가 커야 한다. 목수들은 같은 무게를 얹어도 그 적재 지점에 따라 보가 버텨내는 힘이 달라진다는 것을 알았을 것이다. 현대의 구조역학 용어를 동원하여 표현하면, 보 끝단에서 보를 아래로 썰어내려는 힘 즉 전단응력은 최대가 되고, 보를 굽히려는 힘 즉 벤딩모멘트bending moment는 최소가 된다.

기둥과 보의 결합에서 주먹장맞춤은 최선의 해결책이 아니다. 하중이 얹히면 보의 팔목 부분이 파괴되기 쉽다. 그렇다면 좀 더 여유 있는 길이와 굵기를 확보해야 한다. 아예 기둥을 관통하여 깍지를 끼게 하면 훨씬 더 안전해지겠다.

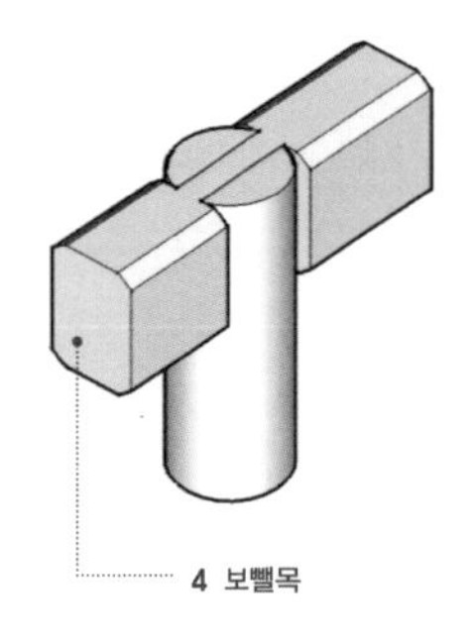

이 경우에는 기둥을 관통한 주먹이 건물 밖으로 나간 꼴이 된다. 이 주먹은 주먹이라고 하기는 좀 많이 크다. 사람으로 친다면 보가 몸통이고 내민 부분은 얼굴 정도에 해당하겠다. 그래서 이렇게 건물 밖으로 드러난 부분을 **보뺄목**[4]이라고 부른다.

기둥과 보는 깍지를 끼기 위해서 많은 부분을 도려냈다. 시간이 흐르면 얹힌 하중이 지속된 가운데 부재가 수분을 잃고 더 마르면서 수축한다. 결 방향으로 쪼개지는 것이다. 당연히 가장 약한 부분부터 쪼개지고 그곳이 바로 깍지 끼기 위해 도려낸 부분들이다.

사전에 천천히, 그리고 충분히 건조가 되지 않은 부재는 결국 더 갈라진다. 전통적으로 뗏목의 형태를 거쳐 현장에 반입된 목재는 상당히 많은 수분을 함유하고 있는 상태에서 사용될 수밖에 없었다. 오래된 목조건물에 가서 결이 갈라진 모습을 잘 관찰하면 어떤 부재가 뗏목의 과거를 지녔을지 어렴풋이 짐작할 수 있다.

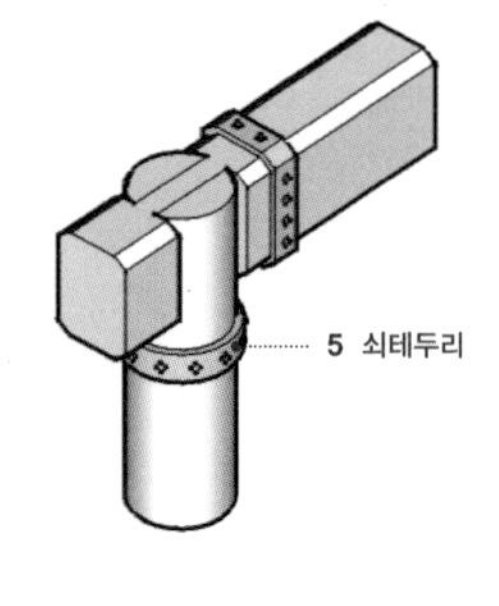

일어날 사건은 결국 일어난다. 기둥과 보가 갈라지면 부재 교체 보다는 부재 보강이 더 간단한 해결이다. 기둥과 보의 목 부분을 **쇠테두리**[5]로 단단히 조이면 효과가 있겠다. 술 담는 오크통이 갈라지는 것을 방지하고자 동그랗게 쇠띠를 둘러놓은 것과 같은 원리이다.

이제 보와 기둥의 모양이 결정되었으면 몇 개를 마련해야 할지 판단해야 한다. 물론 요구되는 건물의 규모를 알아야 한다.

칸과 지붕

음과 양

대비가 가능한 세상 모든 것들은 모두 이 가치로 설명되었다. 남과 여, 삶과 죽음, 하늘과 땅, 앞과 뒤, 그리고 짝수와 홀수. 건물을 만드는 데 이런 가치관이 빠질 수가 없었다. 기둥의 개수를 결정하는 데도 관여했다.

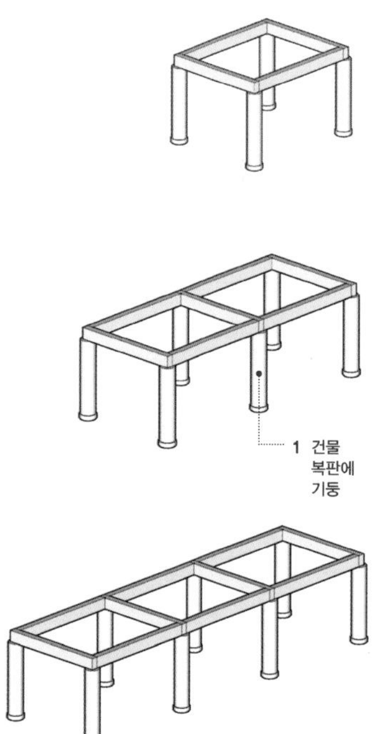

가장 간단한 평면은 네 개의 주초 위에 기둥 네 개가 올라선 사각형 평면이다. 전면에서 보면 기둥 두 개만 보인다. 벽으로 치든 방으로 치든, 한 칸짜리 건물이다. 들어가 낮잠 한번 잘 정도의 정자가 아니라면 건물로는 충분한 크기는 아니다. 좀 더 넓은 공간이 필요하다. 그런데 보의 길이를 늘이는 데 한계가 있으니 기둥을 한 쌍 더 세우자.

전면에 기둥 세 개가 보이는 두 칸 입면의 건물이 완성된다. 그러나 이것은 만족스런 해결책이 아니다. **건물 복판에 기둥[1]**이 자리 잡고 있기 때문이다. 사람들은 건물의 한복판에 기둥이 있는 상황을 선호하지 않았다. 특히 전각과 사찰 같이 의례가 중시되는 곳에서는 아무리 작은 건물이라도 가운데에 기둥이 아닌 공간이 있어야 했다. 그 공간은 문을 낼 수 있는 벽으로 외관에 표현되었다. 그렇다면 결국 건물 정면의 최소 규모는 세 칸이다.

사회 불평등을 좀 덜 껄끄럽게 표현하면 사회 위계다. 위계 사회는 결국 단 한 명이 그 중심, 혹은 꼭지점을 점유하게 된다. 배타적인 그 정점의 주인공은 반드시 존재해야 하는데 그이는 임금님일 수도 있고 불상일 수도 있다. 산신령일 수도 있고 신주일 수도 있다. 위계를 골격으로 유지되는 사회에서 건물 중앙과 주변의 구분은 잘 부합하는 방식이고 필요한 원칙이었다.

홀수가 양수陽數라고 하는 믿음도 작용을 했다. 탑을 굳이 홀수 층으로 만들던 것과 같은 이유였을 것이다. 경천사석탑, 원각사석탑은 10층이지만 형식을 자세히 보면 3+7층의 모습을 하고 있다.

국립중앙박물관 소장

경천사십층석탑
십층석탑이라고 부르지만 층수는 홀수의 조합이다.

건물을 좀 더 키운다면 다섯 칸, 일곱 칸을 만들 수도 있다. 전면 홀수 칸은 공공 전통건축에서 벗어남이 없는 원리가 되었다.

다음은 단변 방향을 보자. 여기에는 문이 없어도 된다. 굳이 필요하다면 기껏 쪽문 정도를 내면 되니 기둥의 위치로 기분 나

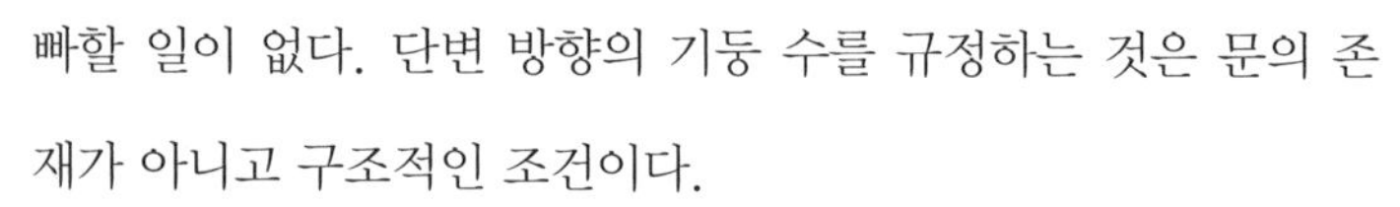
빠할 일이 없다. 단변 방향의 기둥 수를 규정하는 것은 문의 존재가 아니고 구조적인 조건이다.

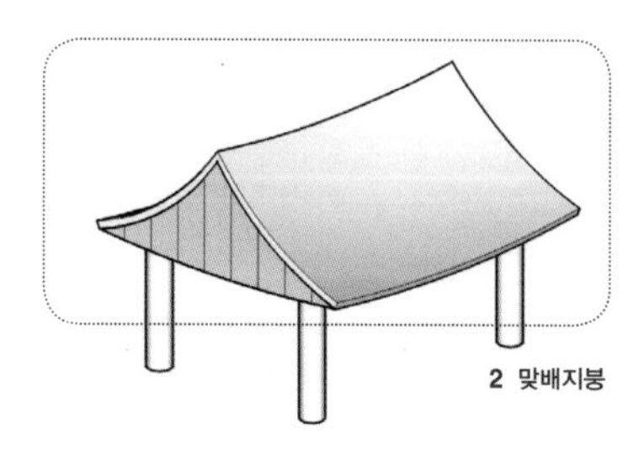
2 맞배지붕

맞배지붕[2]이라면 단변에 필요한 기둥의 최소 숫자는 둘이다. 이것은 측면 한 칸 건물이다. 두 기둥을 연결하는 보가 적절한 크기면 문제가 없다. 그러나 여전히 대개 요구되는 내부 공간의 크기는 보 하나로 만들 수 있는 것보다 좀 크다. 새로운 칸을 이어붙여야 한다. 이제 측면 두 칸 짜리 건물이 되었다. 빠듯하지만 건물이라고 할 만하다. 의례의 요구 공간 규모로 보면 거의 모든 건물에 두 개 이상의 보가 필요하다.

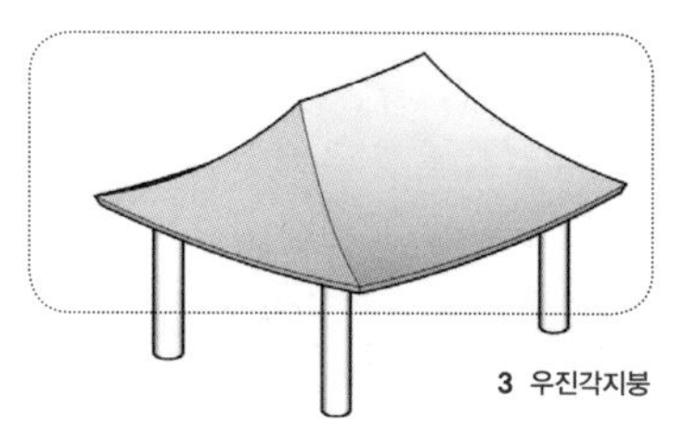
3 우진각지붕

우진각지붕[3]에서도 마찬가지다. 여전히 보와 기둥의 개수가 짝수든 홀수든 문제가 될 것이 없다. 우진각지붕에서 가장 쉽게 사용할 수 있는 방식은 측면 두 칸이다. 건물 끝단에 기둥을 하나씩 세우고 복판의 용마루 부분에 하나 더 세우는 것이 가장 간단하고 안정적이기 때문이다.

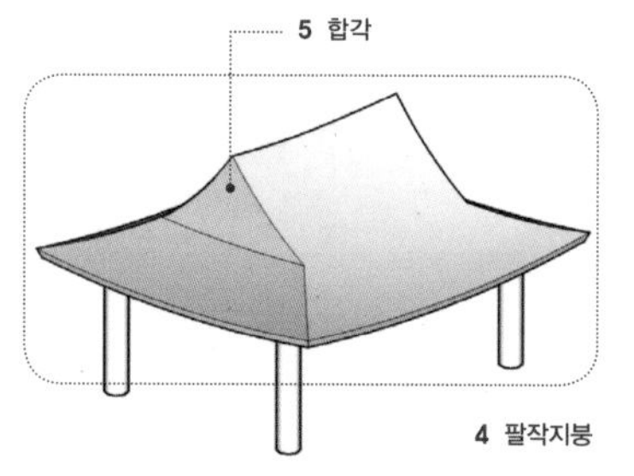

4 팔작지붕

팔작지붕[4]은 이야기가 좀 다르다. 단변 쪽의 구조가 훨씬 복잡하다. 특히 **합각**[5]을 중심으로 많은 도형들이 이합집산한다. 도형이 복잡하다는 것은 그 아래 구조 부재들이 좀 더 골치 아프게 얽혀있다는 것이다. 그중에도 합각을 이루는 삼각형의 아랫단이

영주 부석사 무량수전의 뼈대

복잡하다.

가장 간단하고 무난하게 지붕을 받치는 방식은 우선 이 삼각형 **합각의 아랫단 양쪽**[6]에 기둥을 하나씩 받치는 것이다. 다음에는 거기서 연장된 양쪽 처마 쪽으로 **기둥**[7]을 하나씩 더 대는 것이다. 자연스럽게 **복판**[8]이 합각만큼 넓고 **옆 칸**[9]이 다소 좁은 기둥 간격이 자리를 잡는다. 팔작지붕 건물의 측면에서 가장 간단한 기둥 배치는 이렇게 세 칸을 이루는 것이다.

내부에서 이 삼각형의 밑변 양 끝에 기둥이 자리 잡고 있다.

추녀가 길어지다 보니 결국 처지게 되어 활주라는 이름의 기둥을 후대에 추가했다.

활주. 빗물에 쉽게 노출되므로 하부에 높이가 높은 주초를 세워야 한다.

측면 세 칸의 영주 부석사 무량수전
삼각형의 합각 바로 아래를 두 개의 기둥이 받치고 있다. 내부 구조는 대단히 명료하나, 이렇게 되면 추녀의 길이가 길어지는 문제점이 있다. 그래서 조선 시대의 팔작지붕들은 내부 구조가 복잡해지더라도 합각 크기를 키우고 추녀를 줄이는 방식을 선택했다.

측면 한 칸의 영주 부석사 조사당
불상이 아닌 불화를 모신 건물이어서 내부 공간 깊이가 깊을 필요가 없으니 한 칸으로도 충분했다.

측면 두 칸의 창덕궁 돈화문
용마루와 추녀마루의 접합 지점을 기둥으로 받치는 것이 가장 합리적이다. 따라서 우진각지붕의 문루는 측면 두 칸이 합리적이다.

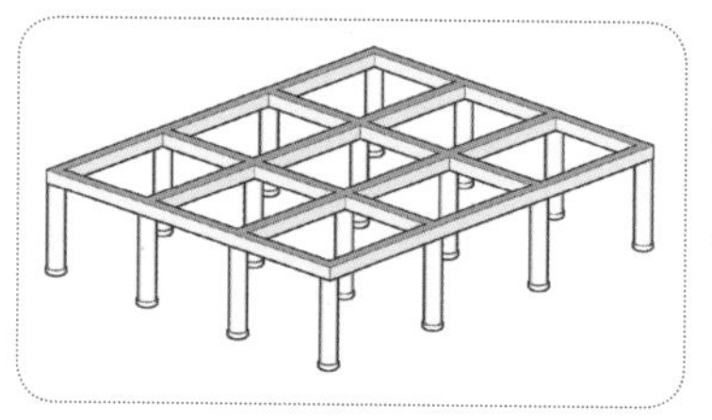

10 전면 세 칸, 측면 세 칸

팔작지붕은 전통건축에서 가장 널리 사용된 지붕 형식이다. 그래서 전통건축에서 가장 기본이 되는 건물은 **전면 세 칸, 측면 세 칸**[10]이다. 여기서 출발하여 공간 요구에 따라 기둥의 위치가 조정되었다. 요구되는 보의 굵기도 달라졌다. 때로는 기둥이 보 위에 올라서기까지 했다.

세 칸과 세 칸의 기본 크기에서 출발하여 건물이 커지면 칸이 증식된다. 장변의 증식은 위계나 진입이라는 공간적 요구가, 단변의 증식은 목재 수급이라는 물리적 요구가 가장 큰 변수다. 장변은 홀수로, 단변은 임의의 수로 증식이 이어지게 된다.

우리는 필요한 기둥과 보의 모양과 개수를 확보했다. 다음은 준비된 주초 위에 이 기둥들을 세울 차례다. 이는 대단히 까다로운 작업이다.

이 네 부분의 문양이 다른 부분과 확연하게 다르다. 복판의 사각 기둥 때문에 필요한 것들이다.

수덕사 대웅전에 드러난 서로 다른 시대의 모습.
풍화도뿐 아니라 조각 방식의 차이도 현격하다.

측면 네 칸의 예산 수덕사 대웅전

처음에는 세 칸이었으나 나중에 가운데 사각기둥을 덧대면서 네 칸이 되었을 것이다. 기둥과 주초의 모양과 함께 이 기둥으로 인해 생긴 네 개의 당초 무늬 부재는 조각 수준과 풍화도가 다르다. 이 기둥은 외곽보를 보강하기 위해 추가했을 것이며 시기는 아마 조선 시대일 것이다. 1937년의 보수 공사 때 떼어낸 풍판도 그때의 작업이었을 것이다.

연주회장의
목수

씨름장에 선 기둥

안다리걸기, 바깥다리후리기, 호미걸이, 낚시걸이

상대방을 넘어뜨려야 이기는 경기에서 등장하는 기술들이다. 공통점은 상대방의 등 쪽으로 넘어뜨린다는 것이다. 그러나 기둥은 씨름 선수와 달라 넘어지면 안 된다. 시공 과정에는 특히 넘어지기 쉽다. 마주 선 기둥의 반대쪽으로 넘어지기가 쉽다.

방바닥에 나무젓가락을 세워보면 이해하기 쉽다. 그것도 수십 개를 세워나가야 한다. 지금 우리에겐 방바닥이 기단이고 젓가락이 기둥이다. 나무젓가락이라면 방바닥에 접착제로 붙여나갈 수도 있겠다. 물론 이 방법은 집에서 쫓겨나도 좋다는 뱃심이 필요한 단점이 있다. 요즘의 콘크리트나 철골 건물에서 기둥 세우기가 이 접착제 방식에 가깝다. 그러나 전통건축에서 사용할 수 있는 방법은 아니었다.

젓가락을 세우는 데는 여러 손이 필요하다. 우선 나무젓가락을 잡고 있어달라고 옆 사람에게 부탁한다. 그리고 그 윗부분을 다른 나무젓가락으로 수평으로 연결하고 고무줄로 엮어 묶는다. 일체화한 나무젓가락은 입체 격자를 이루며 서로 기대어 넘어지지 않는다. 전통건축에서 채택한 방법이 바로 이것이다.

기둥은 사실 나무젓가락보다 많이 커서 아랫면을 평평하게 깎아놓으면 최소한의 부축으로 혼자서 서있기도 한다. 이것은 시공 과정으로 생각하면 대단히 고마운 사실이다. 후대에 배흘림기둥 대신 민흘림기둥을 선호한 이유에는 이런 장점도 있을 것이다. 수평의 나무젓가락이 건물에서 보의 역할을 한다.

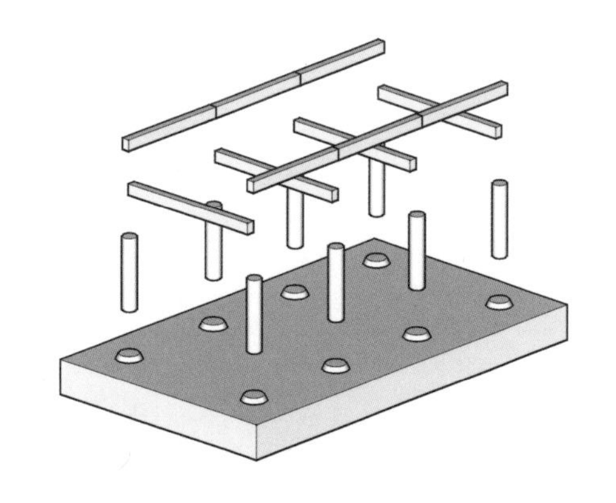

일단 안정적인 구조체가 되기 위해 엮어놓아야 할 기둥의 최소 숫자는 세 개다. 우산이 정자가 되는 과정에서 겪은 숫자다. 결국 사각형에 이를 예정이므로 이들이 만드는 첫 도형은 직각삼각형이다. 작업 공간이 넓게 확보되는 건물 양쪽 모서리부터 작업을 시작하자. 직각으로 만나는 보 두 개가 세 기둥의 상단을 잡고 있으면 일단 기둥이 쓰러지지는 않을 것이다.

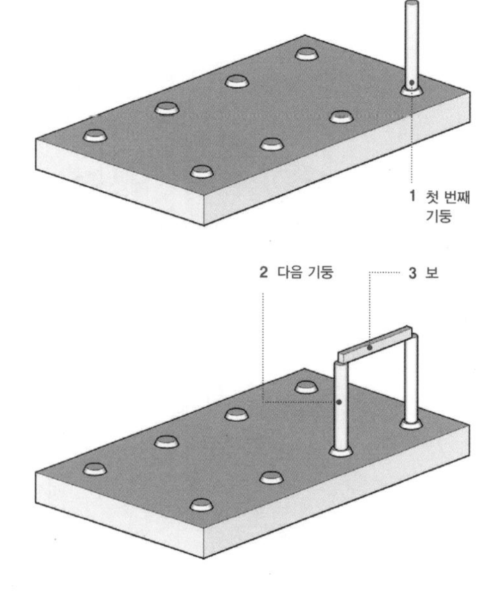

우선 **첫 번째 기둥**[1]을 세우자. **다음 기둥**[2]을 주초 위에 세우고 상단에 **보**[3]를 건다. 이건 다 사람이 하는 일이다. 부재들이 우아하고도 사뿐하게 딱 맞아주지 않는다. 기둥이 정확히 수직으로 서있지 않을 수도 있고 보의 길이를 조금 짧게 재단했을 수도 있다. 이것을 시공 오차라고 일컫는다.

그래서 보를 올려놓는 과정에서 기둥 상단을 조금씩 밀고 당기는 작업이 필요하다. 이 작업이 옆의 기둥 쪽으로 당기는 작업이라면 걱정이 덜하다. 그러나 그 반대쪽으로 미는 과정이라면 겨우 서있던 모서리 첫 기둥이 그만 넘어갈 수도 있다. 본의 아니게 씨름판의 상황이 벌어지게 된다.

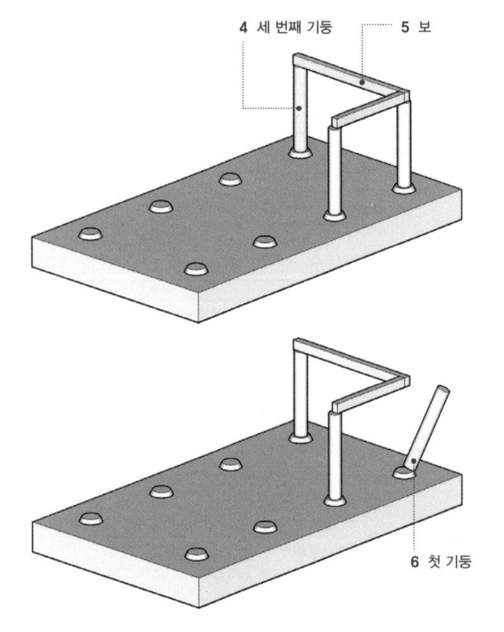

첫 기둥을 옆 기둥 쪽으로 미리 조금 기울여 놓아보자. 이렇게 되면 기둥이 어느 정도 밖으로 밀린다 해도 최소한의 안정성을 확보할 수 있다. 씨름 선수들이 서로 넘어지지 않으려 상대방 쪽으로 기댄 후 용을 쓰는 것과 크게 다르지 않다.

그 다음 작업은 이와 직각 방향이다. **세 번째 기둥**[4]을 세우고 또 그 상단에 **보**[5]를 건다. 여기서도 밀고 당기는 조정 상황은 마찬가지다. **첫 기둥**[6]을 잘못 밀면 여전히 넘어갈 위험이 있다. 그래서 첫 기둥을 이 세 번째 기둥 쪽으로도 미리 조금 기울여 세워놓는다. 결국 첫 기둥은 건물 안쪽으로 조금 기울어진 상태가 된다.

그 결과가 안쏠림이다. 세 기둥을 무사히 세우고 나면 이미 어느 방향으로나 최소 두 개의 기둥이 존재하므로 최소한의 안정성은 확보되었다. 이어지는 작업은 훨씬 손쉽다.

귀기둥의 안쏠림이 갖고 있는 다른 장점은 **앙곡**[7]과도 연관되어 있다. 기단은 평평한데 지붕의 모서리 부분, 즉 **추녀**[8]는 들어 올려진 상태다. 도대체 어디에서 이 차이를 담아내야 할까. 모서리에 좀 긴 기둥을 사용하고 여기 걸리는 보를 이에 맞춰 기울일 수 있다. 이것은 **귀솟음**[9]이다.

그러나 귀기둥이 수직으로 서있게 되면 앙곡을 이루는 부재들과의 결합이 쉽지 않아진다. 수평 부재가 기울어져있는 만큼 기둥도 안쪽으로 살짝 기울어있으면 조합이 자연스럽다. 기둥과 수평 부재들은 어느 정도 직각으로 만나게 되는 것이다. 귀솟음과 안쏠림이 조화가 된다.

영주 부석사 무량수전의 모서리

부여 무량사 극락전의 모서리
귀기둥이 조금 더 높이 솟아있고 서까래 바로 아래로는 긴 삼각형을 이루는 갈모산방이 보인다.

기단과 추녀의 문제를 해결하는 다른 방법도 있다. 우선 모든 수평 부재를 수평으로 맞춰놓는다. 그리고 지붕 아랫면에 추녀의 곡선을 받아줄 긴 삼각형 부재를 끼워넣는다. 후대로 오면서 전통건축에서는 이 손쉬운 방식을 가장 널리 사용했다. 그 긴 삼각형 부재의 이름이 **갈모산방**[10]이다.

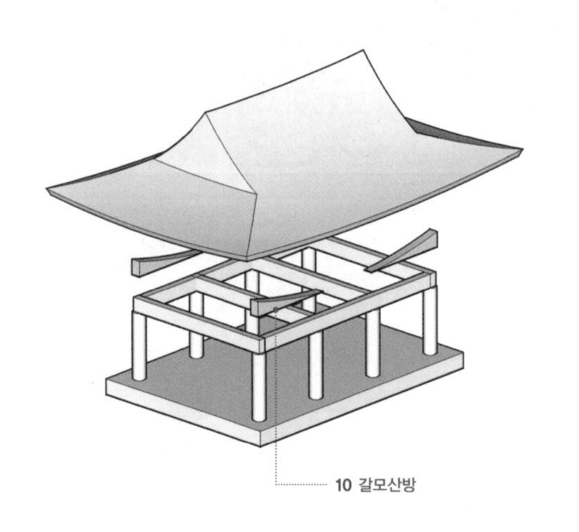

어쨌든 기둥 세우는 문제는 한 고비를 넘었다. 이후의 작업은 보 위에 올라서서 진행하면 된다. 목수들은 양상군자의 입장이 된 것이다. 좁고 높은 공간이니 떨어져 다치지 않도록 조심하면서 다음 부재들을 정리하자. 작업은 더 복잡해진다.

변형과 극복

이 숯도 한때 하얀 눈 덮인 나뭇가지였겠지.

우리에게도 잘 알려진 일본의 하이쿠(俳句) 중 하나다. 사냥꾼이 호랑이를 가죽 남기는 도구로 생각한 만큼 건축가가 하이쿠를 읽는 시선도 다를 수밖에 없다.

저 대들보도 한때는 먼 숲 속의 나무였겠지.

대들보가 되기 전의 나무는 자신의 생존을 유지하는 데 꼭 필요한 강도와 크기만 갖추고 존재하는 유기체였다. 그러니 숲 속에서 얻은 목재의 길이가 사람이 필요한 공간을 가로지르는 데 충분하거나 적당할 리가 없다. 목수는 가장 작은 보로 가장 넓은 기둥 간격을 확보할 수 있도록 온갖 장치를 고안해야 했다.

일단 보의 거동을 좀 더 자세히 들여다보자. 바람이 몹시 부는 날 나무가 휘었듯이 보도 하중을 받으면 휜다. 이 하중은 건물이 생존을 다하는 순간까지 얹혀있다. 그 점에서 잠시 불고 끝나는 바람보다 훨씬 더 가혹하다. 부재가 휜다는 것은 파괴에 가깝다. 파괴에 이르지 않더라도 휜 부재는 건물의 다른 부분을 뒤튼다.

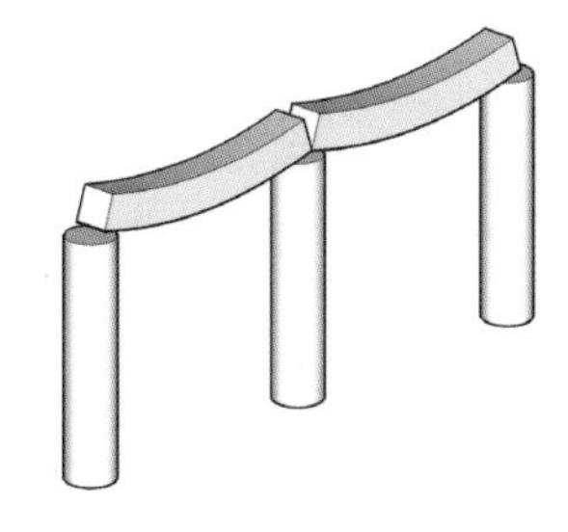

건물 전반의 안정성에 심각한 문제를 야기한다. 건물은 변형 없이 서있는 것이 가장 좋다.

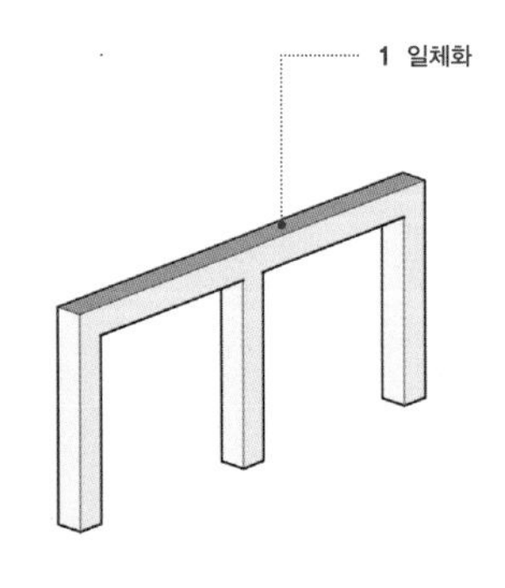

기둥과 보가 접착제로 붙인 것처럼 **일체화**[1]되어 있다면 보는 덜 휜다. 기둥과 완벽하게 일체화한 보는 그냥 올려놓기만 한 것에 비해 계산상으로 거의 두 배의 하중을 받는다. 변형도 그만큼 적다. 우리에게 익숙한 콘크리트 건물들이 바로 이런 것이다.

가장 불리한 방식이 기둥 위에 보를 그냥 올려놓는 것이다. 바로 목조전통건축의 상황이 이런 것이다. 기둥과 보를 재단하여 깍지를 끼운 모습이기는 하지만 이것은 수평 이동에 대한 보완책일 따름이다. 그렇다고 원래 목조건물은 태생이 그러려니 하고 손을 놓고 있을 수도 없다. 이 한계를 극복해야 한다.

등분포하중일 경우 보가 감내해야 할 힘의 크기는 기둥 간격의 제곱에 비례한다. 기둥 간격이 한 뼘이라도 줄어들었을 때의 효과는 무시할 수 없다. 기둥 위에 기둥 지름보다 좀 넓은 수평 부재를 하나 더 올려놓아보자. 고대 그리스 신전의 기둥 위에 얹힌 주두柱頭가 바로 이것이다. 이 **주두**[2]가 그 한 뼘의 역할을 충실히 한다.

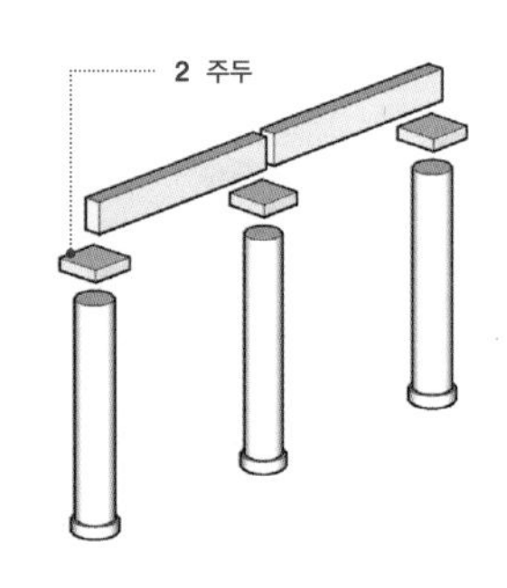

전통 목조건축에도 주두들이 있다. 기둥 위에 주두를 올려놓

은 것은 그 위에 다시 구조체를 올려놓기 위해서다. 무거운 구조체를 새로 올려놓으려면 시공 과정에서 기둥 상부의 수평 이동이 없도록 결속이 완결되어있어야 한다. 그래서 주두는 기둥 상부를 연결하는 부재, **창방**[3]을 필요로 한다.

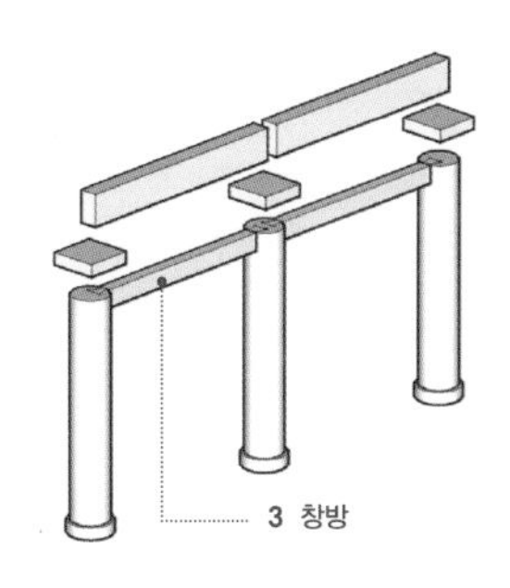

이들이 주두라고 불리는 것은 기둥 위에 꼭 올라가기 좋은 사각형 블록의 모습을 하고 있기 때문이다. 전통건축에서는 주두의 모양은 단순하지만 재료가 나무라서 조심해야 할 점이 있다. 나무에는 결이 있다. 이 결은 숲의 나무였을 때는 나이테며 수관이었다. 그렇다면 기둥 상단과 보의 끝단을 갈라지게 했던 그 나뭇결은 주두에 어떤 영향을 미칠까.

갈라진 기둥들
건조하면서 갈라진 방향이 생물이었던 시절의 결 방향을 보여주고 있다.

목수들이 쓰는 톱에는 '자르는 톱'과 '켜는 톱'이 있다. 결의 직각 방향으로 나무를 잘라야 할 때는 톱날이 작은 자르는 톱을 쓴다. 결 방향으로 나무를 쪼개야 할 때는 이보다 톱날이 큰 켜는 톱을 쓴다. 장조림의 쇠고기

창방

주두가 이렇게 갈라진 모습이 취약한 방향을 보여준다.

영주 부석사 조사당의 구조체들
나뭇결로 자신이 소나무였음을 확연히 보여주고 있는데 대개의 건물에서 주두 나뭇결이 이 방향이 되도록 얹혀있다. 그러나 이 주두의 상단이 갈라진 모습은 그 직각 방향의 하중이 만만치 않음을 보여준다.

를 결 방향으로 자를 때, 손가락으로도 살살 찢을 수 있는 것처럼 작업이 쉽다. 자르는 작업은 켜는 작업보다 힘이 많이 든다. 장조림의 쇠고기 경우라면 인체에서 가장 단단한 도구인 어금니가 필요해진다. 즉 그 방향으로 부재가 더 견고히 버틴다는 이야기다. 그렇다면 당연히 주두도 이 결 방향의 강도 차이를 고려해야 한다.

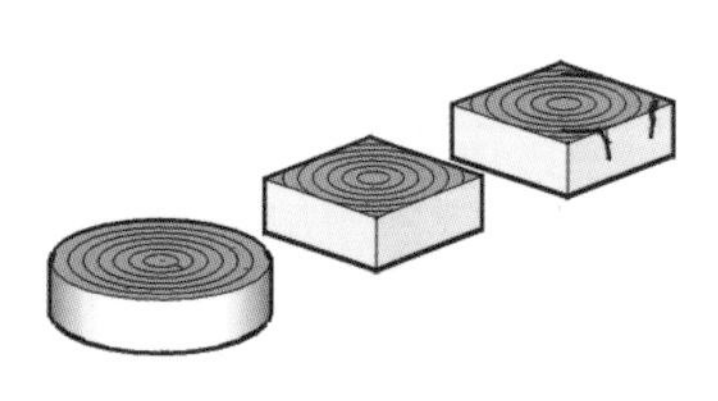

제작 과정만 고려한다면 원통형 나무둥치를 김밥처럼 썰고 이를 다시 사각형 블록으로 다듬는 것이 가장 쉽다. 그렇게 만든 주두에서 나뭇결은 수직 방향이 된다. 그 위에 보를 얹으면 그 결을 따라 주두가 가장 쉽게 갈라져버린다. 그래서 전통건축에서 주두의 나뭇결은 모두 자신이 받쳐야 할 보의 방향과 일치하도록 놓여있다. 주두 위에 두 개의 보가 직각 방향으로 얹힌다면 결의 방향은 더 무거운 보의 방향을 따른다.

주두가 구조적으로 유효하다고 확인이 되었으면 주두 위에 좀 더 큰 주두를 하나 더 얹어보면 어떨까. 그러나 굳이 사각형 블록의 주두 전체를 크게 만드는 건 현명한 방법이 아니다. 보의 길이 방향으로만 더 길게 만들면 된다. 나무는 원래 결 방향으로 길쭉한 생물이었으므로 크게 이상한 일도 아니다.

이 부재는 길이가 길수록 보가 지지할 간격이 줄어드는 효과가 있다. 목수의 입장에서는 더 작은 나무를 재단하여 보로 얹고 필요한 공간을 덮을 수 있게 된다. 숲에서 덩치 큰 나무 하나보다는 작은 나무 두 그루를 찾기가 더 쉽다. 크기가 작으면 허공에서 조립하기도 용이하다.

길쭉한 이 부재는 생긴 모양이 달라졌으므로 주두라 부르는 것이 적당하지 않다. 주두도 아니고 보도 아닌 부재다. 기둥 중심에 올라서있는 짧은 보, 혹은 좀 길쭉한 주두. 굳이 어느 편인지를 고르면 짧은 보에 더 가깝다. 이 방식은 실제로 초기의 중국계 건축 여기저기 그 흔적이 남아 있다. 추후 건축 발전의 중요한 단서가 되는 이 부재를 부르는 이름은 공栱4이다.

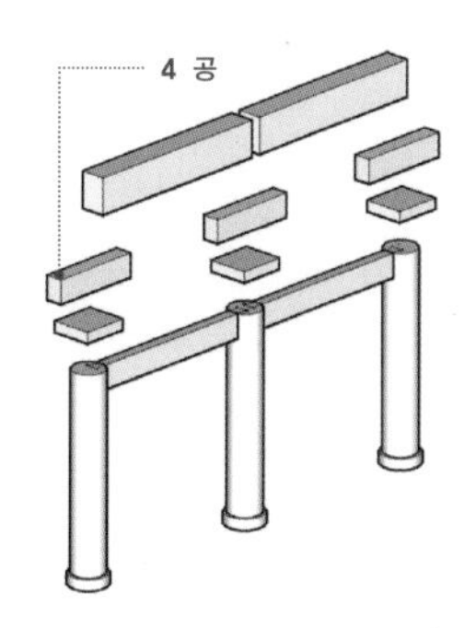

공은 확실히 효과가 있는 부재다. 그러나 아직 이것이 완벽한

해결책은 아니다. 특히 부재의 변형이라는 점에서 보면 별로 만족스러운 해결이 아니다.

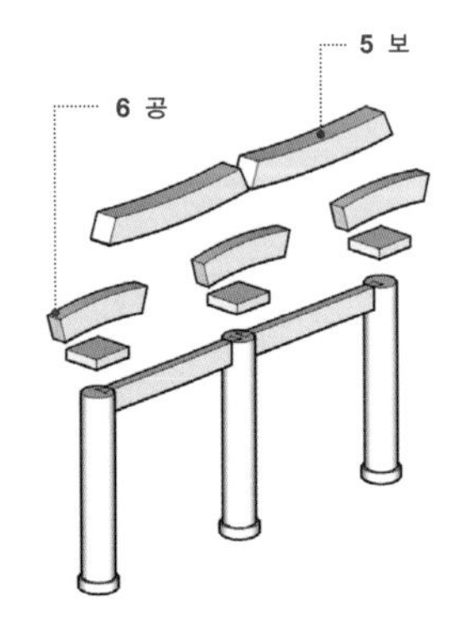

상황은 이렇다. **보**[5]는 하중을 받으면 중앙부가 아래로 휘게 된다. 이 보의 양 끝단이 공에 얹혀있으므로 **공**[6]의 끝단도 아래로 처진다. 문제는 공의 변형과 보의 변형이 일치하지 않는다는 점이다. 제각각 휜다는 것이다.

바로 여기가 전통건축사를 통틀어 최고의 발명이라고 불러도 좋은 고안이 등장하는 시점이다. 그 고안의 위대함을 보기 위해서 비교해볼 것이 있다.

바이올린의 모순

스트라디바리우스, 과르네리, 과다니니

이미 아이콘이 되어 버린 고유명사들이다. 아무도 값을 매길 수 없어서 결국 매매를 하려면 경매를 열 수밖에 없는 악기. 낙찰가가 쉽게 100억 원을 넘으므로 이 악기만을 위해서 따로 경매를 열어야 하는 대상.

콘서트홀에 바이올리니스트가 등장했다. 수천 명이 쏟아내는 박수 속에 들고 선 것은 길이가 겨우 어깨 폭 남짓한 작은 악기다. 바이올린, 비올라, 첼로, 더블베이스는 모두 현에다가 활을 문질러서 소리를 낸다. 그래서 현악기 중에서도 찰현악기擦弦樂器

최적화를 이룬 바이올린의 모습
찰현악기들은 이 모습을 벗어나지 못하고 있다.

라는 이름의 갈래에 들어가있다. 생물로 치면 같은 과科라고 해도 될 것이다.

이들은 비례와 크기는 다소 달라도 기본적인 모양들은 모두 같다. 이들이 이처럼 비슷하게 생긴 것은 최적화를 이룬 결과물이라는 방증이다. 종이컵의 경우와 같다. 바이올린의 형태를 완성시킨 것은 바로크 시대 이탈리아의 장인들이다.

거칠거칠한 말총으로 만든 활은 현을 긁어서 떨게 만든다. 바이올린의 현이 내는 소리는 스피커의 도움이 없이 객석 구석까지 전달되어야 한다. 필요한 음량을 얻기 위해서는 바이올린 몸통 자체가 앰프며 스피커가 되어야 한다. 즉 현의 진동을 받아 몸통이 주파수만큼 빠른 변형을 반복하되 더 크게 진동해야 한다. 그래서 바이올린 몸통의 앞판은 유연해야 한다.

그런데 그 현은 항상 팽팽하게 당겨진 상태여야 소리를 낸다. 그래서 앞판은 당겨진 현을 받쳐주는 구조체 역할도 해야 한다. 충분히 튼튼해야 한다. 도대체 어떻게 하면 나무를 깎아 유연하고도 튼튼한 구조를 만들 수 있을까.

현과 앞판을 연결하는 구조체가 지금부터 들여다볼 바로 그것, 브리지다. 이 브리지는 현의 진동과 압력을 앞판에 전달해야

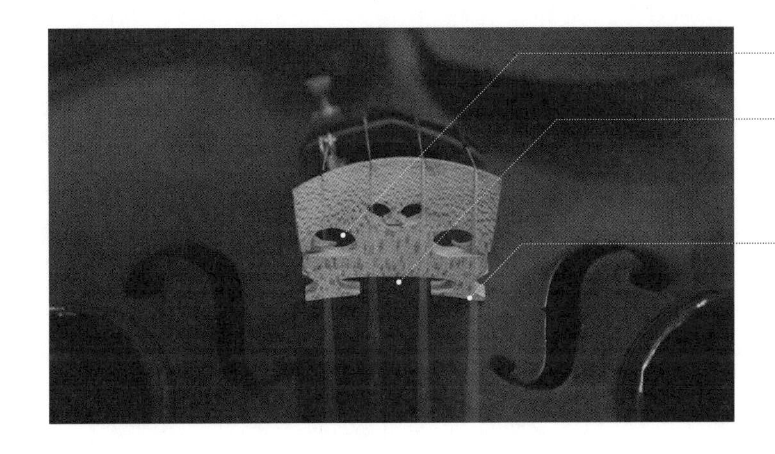

콩팥처럼 파내어 브리지의 탄성이 높아지게 했다.

이렇게 파냄으로써 브리지는 유연한 구조체가 되었다. 앞판의 양쪽을 알파벳 f 자 모양으로 파낸 것도 유연한 진동을 확보하기 위한 디자인이다.

브리지 발판

바이올린 앞판을 딛고 선 브리지
양발이 수행해야 하는 구조적 조건과 해결 방식은 건물에서 종의 경우와 놀랍도록 유사하다. 여기서 나뭇결의 방향이 대단히 중요하다.

한다. 그러면서 앞판의 진동을 막아서도, 강도를 약화시켜서도 안 된다. 이 모순적인 조건을 브리지는 어떻게 해결했을까.

브리지가 진동에 유연해지기 위해서는 최대한 날씬해져야 한다. 현의 압축력을 받아내는 강도 내에서 최대한 탄성을 가져야 한다. 그래서 장인들은 브리지의 몸통 복판을 심장 모양으로 파냈다. 옆구리는 콩팥같이 파냈다. 같은 단면적의 부재여도 이렇게 파내면 탄성이 높아지면서 진동에 민감하게 반응을 한다. 다시 전문적인 용어를 동원하면 부재의 단면적은 작아지되 단면이차모멘트는 대단히 큰 모습이 된다. 가운데가 빈 대나무의 탄성이 높은 것과 같은 원리다.

브리지는 앞판을 딛고 선다. 바이올린 장인들은 그 지지점의 가운데 부분도 파냈다. 브리지는 발의 앞꿈치만 살짝 앞판에 댄 까치발 모양을 하는 것이다. 그렇다고 브리지의 발이 너무 뾰족하면 앞판이 쪼개질 수 있다. 앞판과 직접 접촉되는 부분에는 신발을 신은 듯 좀 두툼한 발판을 만들었다. 집중하중을 분포하중으로 바꾸는 것이다. 이를 통해 브리지는 현의 하중을 충분히 앞판에 전달하면서 앞판의 자유로운 진동을 최대한 확보해준다.

브리지의 나뭇결 방향도 그래서 이 조건에서 자유롭지가 않다. 최대한의 강도와 최소한의 변형을 갖기 위해 브리지의 나뭇결은 현이 누르는 방향에 직각으로 제작된다. 사실은 브리지뿐만 아니라 바이올린 전체가 나뭇결의 특성을 최대한 고려한 구조체다. 앞판과 뒤판이 조합된 방식도 정교한 고안의 결과물이나, 설명은 이 정도에서 그치자.

바이올린의 형태는 최적화에 이르렀다. 이 형태를 벗어나는 것으로 현재까지 발견된 유일한 길은 전자 장비를 쓰는 것이다. 후대의 장인이 그나마 마음대로 멋을 낼 수 있는 부분은 목 상단의 스크롤 정도다. 브리지라는 이 위대한 최적화의 업적은 고대 동양의 목수가 발견한 것과 놀랍게도 그 원리와 형태가 일치한다. 차이라면 건물이 규모가 훨씬 더 크다는 것이다. 그리고 건물은 진동하는 것이 아니라 변형한다는 것이다. 이 변형은 단 한 번의 주기도 다 완성하지 못하는 유장한 진동이다.

포작의 위대한 탄생

110볼트와 220볼트

여행을 다니면 챙겨야 할 것이 많다. 각 나라에서 채택한 전기 체계가 다르다 보니 필요한 플러그 모양도 달라진다. 컴퓨터와 휴대전화기가 우리를 자유롭게 하려 해도 이 차이를 무시하면 속세의 짐만 늘어나는 꼴이다. 그래서 챙겨야 할 것에 어댑터가 꼭 포함된다. 서로 다른 형태의 물체들을 경제적이고 요긴하게 조합하는 데 꼭 필요한 것도 이 어댑터다. 어댑터는 전통건축에서도 구조체들을 경제적으로 결합하는 데 필요한 장치였다. 그 어댑터들이 등장하는 순간을 살펴보자. 바로 기둥 위에서 벌어지는 진화 과정의 모습이다.

목수들의 숙제는 공을 통해 보의 부담을 줄이면서 **보**[1]와 **공**[2]의 변형을 일체화시키기는 것이었다. 목수들의 첫 번째 고안은 공 부재의 중앙 상단부를 파낸 것이었다. 길다란 벽돌 모양 부재는 **위가 열린 ㄷ 자 모양**[3]으로 변했다. 바이올린 브리지의 까치발과 비슷해졌다.

이 고안의 장점은 탄성이 높아진다는 것이다. 탄성이 높다는 것은 변형 요구에 대해 유연하다는 것이다. 즉 양단 보의 변형

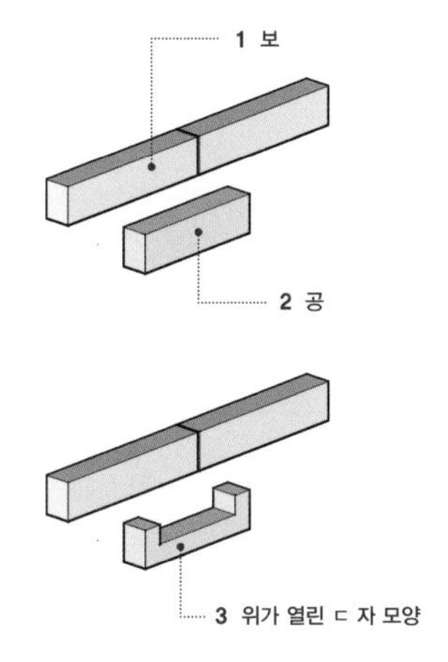

을 굳이 기둥에 강요하지 않고 자신의 변형을 통해 흡수한다는 것이다.

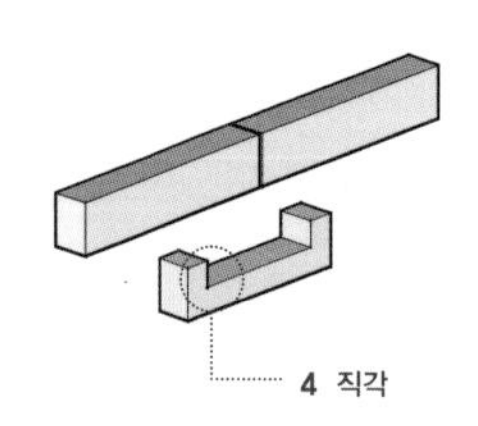

그렇다면 이 ㄷ 자 모양 부재의 상단부는 어떤 모양으로 파야 할까. 처음에는 간단히 **직각**[4]으로 파냈을 것이다. 그러나 이렇게 되면 안쪽 모서리가 쪼개지기 쉽다. 전문적인 단어로 표현하면 직각절단면에 항상 응력집중이 생기기 때문이다. 기둥 상단, 보 끝단을 직각으로 파냈을 때 쇠띠를 둘러야 했던 바로 그 상황이다. 가장 간단한 대안은 문제를 없애는 것이다. 내부 모서리의 각을 없애고 둥그렇게 파내면 된다. 그렇게 응력집중이 생기는 면을 없앤 모양의 부재를 **첨차**[5]라고 부른다. 바이올린 브리지와 좀 더 비슷해졌다.

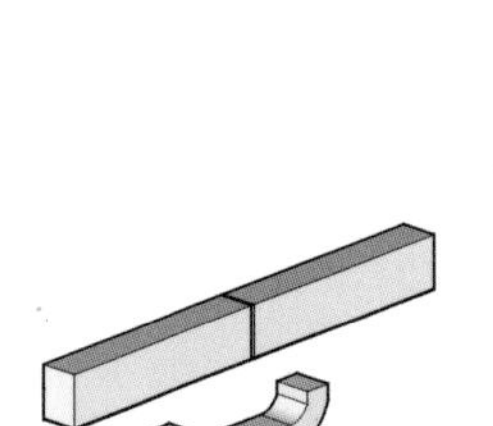

진화는 아직 끝나지 않았다. 해결해야 할 문제가 새로 생겼다. 이번 문제는 보가 첨차라는 작은 부재에 올라서면서 생겼다. 첨차 상단 폭이 좁아 올려놓은 보가 불안정해졌다. 보가 옆으로 미끄러져 떨어지는 상황도 발생했을 것이다.

보의 폭보다 넓은 첨차를 만들 수도 있다. 그러나 이는 재료 사용이라는 점에서 별로 합리적인 방법이 아니다. 대안은 이 목적에 부합하는 새로운 부재를 끼워넣는 것이다. 어댑터가 필요해졌다.

지금 우리에게 필요한 어댑터는 보의 위치를 고정해주는 역할을 해야 한다. 이 어댑터를 **소로**[6]라고 부른다. 첨차와는 촉을 끼워 연결해주면 된다. 밑어지지 않을 만큼 바이올린 브리지와 용도와 형태가 유사한 부재가 완성되었다. 바이올린 브리지 등장으로부터 천 수백 년 너머의 시기였다. 이렇게 소로와 첨차가 조합된 부재가 **포작**包作, **혹은 공포**栱包[7]다.

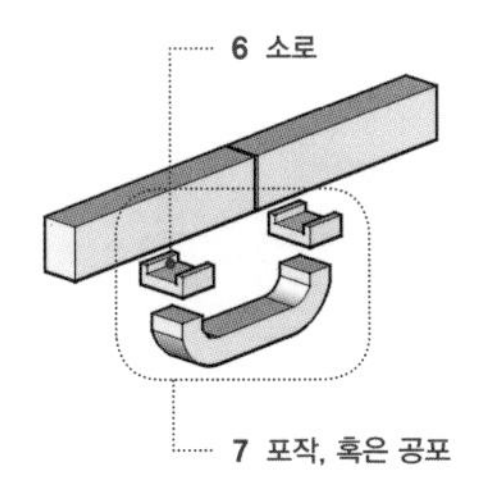

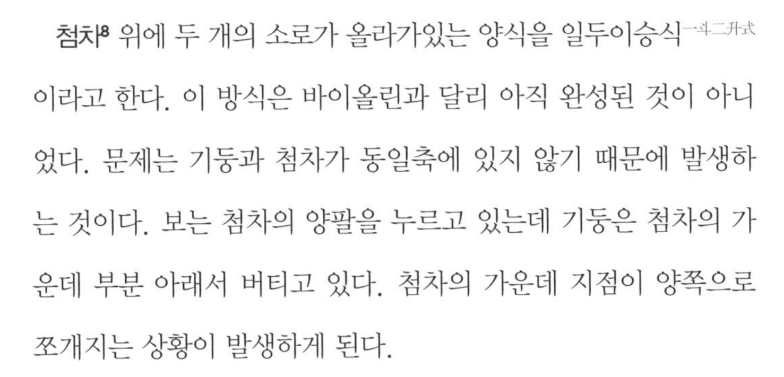

첨차[8] 위에 두 개의 소로가 올라가있는 양식을 일두이승식一斗二升式이라고 한다. 이 방식은 바이올린과 달리 아직 완성된 것이 아니었다. 문제는 기둥과 첨차가 동일축에 있지 않기 때문에 발생하는 것이다. 보는 첨차의 양팔을 누르고 있는데 기둥은 첨차의 가운데 부분 아래서 버티고 있다. 첨차의 가운데 지점이 양쪽으로 쪼개지는 상황이 발생하게 된다.

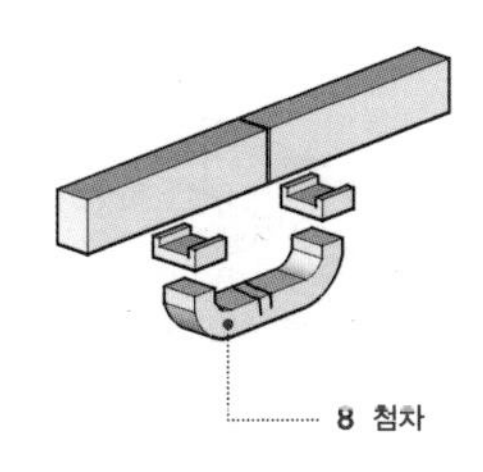

일두이승식의 문제를 해결하는 방식은 역시 명쾌했다. 기둥의 중심에도 발을 만들어놓으면 그 부분의 단면적이 커진다. 기둥 위에는 같은 방향으로 인접한 보 두 개만 얹히는 것이 아니라 서로 직각 방향인 보도 얹힌다. 역시 직각 방향의 첨차를 다시 만들어 엮어야 한다. 직각 방향의 문제는 잠시 후에 생각하기로 하고 일단 세 개의 발에 집중해보자.

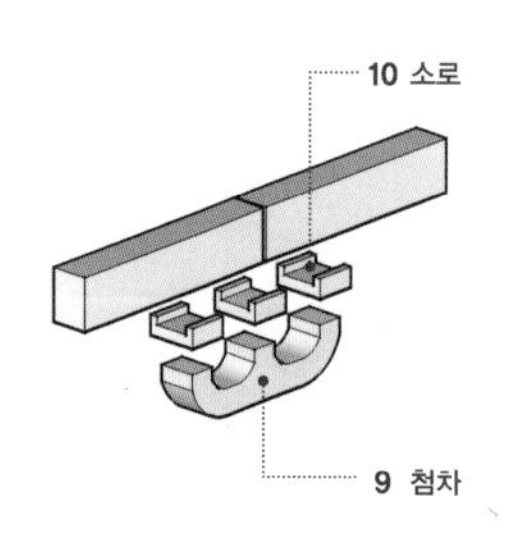

첨차의 중앙을 보강하는 것은 중요하고 만족스러웠다. **첨차**[9]하나에 얹힌 **소로**[10]는 세 개로 늘었다. 훨씬 더 안정적인 모습으로 변화했다. 우리는 일두삼승식一斗三升式 포작을 얻게 되었다. 위대한 고안이었다. 한 말 석 되가 한 말 두 되를 갈아치운 것이다.

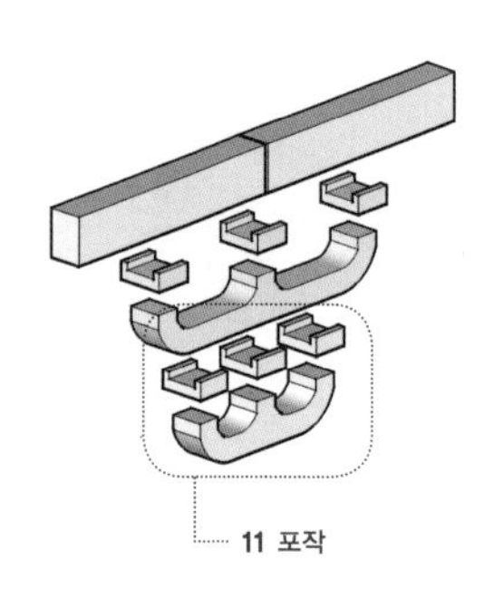

그러나 제시된 대안보다 더 만족스런 방식이 있을지 모른다고 의심하는 누군가 때문에 세상은 조용할 새가 없다. 이번의 의심자는 사소해 보이는 질문을 던졌다. 이 **포작**[11] 위에 좀 더 넓은 포작을 포개놓으면 보의 부담이 그만큼 더 줄어들지 않겠느냐고.

의심자는 이를 실행에 옮겼다. 이미 효과가 검증된 방식을 확장 반복하는 작업이었다. 효과는 다시 입증되었고 주위의 모두가 이를 따르기 시작했다. 여러 층으로 이루어진 포작이 완성되었다. 만들어낼 수 있는 공간의 크기가 커졌다. 주두는 이제 기둥 상단에 포작을 얹기 위해 놓인 어댑터로 바뀌었다.

소로와 첨차는 작고 복잡한 부재들이다. 이들을 파고 재단하는 것은 품이 많이 드는 일이다. 그렇다면 왜 전통건축에서는 이 방식을 선택했을까. 더 나은 해결책이기 때문이다. 포작이 없다면 더 크고 긴 부재의 보를 구해야 한다. 기둥과 보의 조립은 허

소로

이렇게 파냄으로써 첨차는 변형에 유연하게 대응할 수 있게 되었다.

영주 부석사 무량수전의 포작
뒤집어놓으면 바이올린 브리지와 같은 조건이자 해결 방법임이 보인다.

공에서 이루어지는 작업이다. 부재가 크고 무거울수록 작업은 위험하다. 이에 비해 지상에서 소로와 첨차를 만들어 허공에서 조립하는 것은 성가시고 오래 걸려도 더 안전하고 쉬운 시공법이다.

포작을 통해 우리는 기둥과 보를 좀 더 합리적으로 배치할 수 있게 되었다. 여기서 합리적이라고 하는 것은 같은 굵기의 부재를 갖고 좀 더 넓은 기둥 간격을 안전하게 확보할 수 있게 되었다는 뜻이다. 소로와 첨차의 등장으로 목조건축은 화려한 꽃을 피우게 되었다. 이제 이들이 떠받치게 될 수평 부재들을 살펴보자.

이들 역시 이전에 숲 속에 함께 서있던 다른 나무들이었다. 이들은 굵기는 달라도 모두 선형 부재들이다. 이들이 이러구러 얽혀 지붕을 구성한다. 이들이 조합되는 방식은 두 가지 중의 하나다. 같은 방향으로 얽히느냐 혹은 직각 방향으로 얽히느냐.

타협할 수 없는 존재

동그란 네모

세상에 그런 건 없다. 기껏해야 모서리가 둥그스름한 네모가 있을 따름이다. 바퀴, 음반이 적당히 둥그스름하지 않고 단호하게 동그란 것은 거기 타협할 수 없는 장점이 있기 때문이다. 똑 부러지게 각진 네모에도 동그라미가 따라올 수 없는 나름의 장점이 있다. 그 차이가 건물에도 적용된다.

둥근 단면의 빨대를 생각해보자. 빨대들을 직각 방향으로 얹어놓는 것은 별로 어렵지 않다. 그냥 서로 교차하며 쌓으면 된다. 그러나 빨대를 같은 방향으로 쌓을 수는 없다. 굴러떨어지기 때문이다. 이렇게 쌓으려면 굴러떨어지지 않는 단면을 만드는 수밖에 없다. 단면이 사각형인 빨대가 필요한 것이다. 나무젓가락 같은 모양이다. 수십 층을 쌓을 수는 없어도 두 세 층 정도는 무난히 쌓을 수 있다.

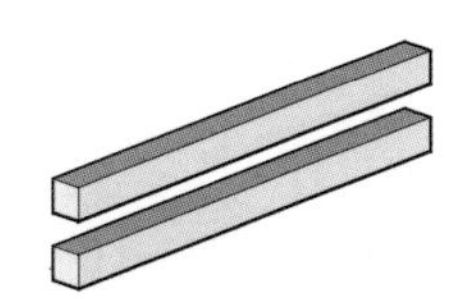

원형 단면과 사각형 단면은 쓰임새가 다르다. 원형 단면은 같은 방향으로 쌓을 수는 없지만 직각 방향으로 쌓을 경우 사각 단면이 지니지 못한 장점을 보여준다. 위에 놓인 부재의 기울기를 마음대로 조정할 수 있다는 것이다. 이것은 지붕이 곡면을 이루

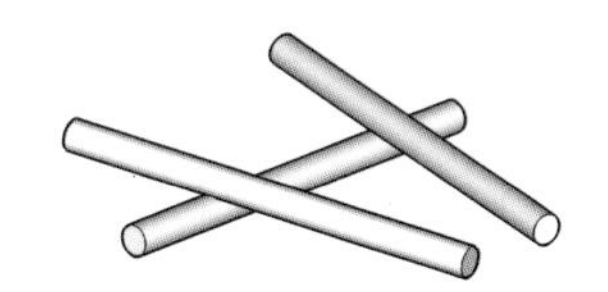

고 있다는 점을 고려하면 대단히 중요한 매력이다. 지붕을 이루는 최종 부재인 서까래의 기울기를 똑 부러지게 예측하여 재단할 수 없으니 이를 받아주려면 동그란 단면의 부재가 필요하다. 그 동그란 부재의 모습을 확인해보자.

전통건축의 지붕들은 모임지붕이 아니라면 모두 방향성을 갖고 있다. 모두 **용마루**[1]를 갖고 있는 것이다. 바로 이 용마루의 방향을 기준으로, 전통건축에서는 보 또한 분화된 이름으로 부른다.

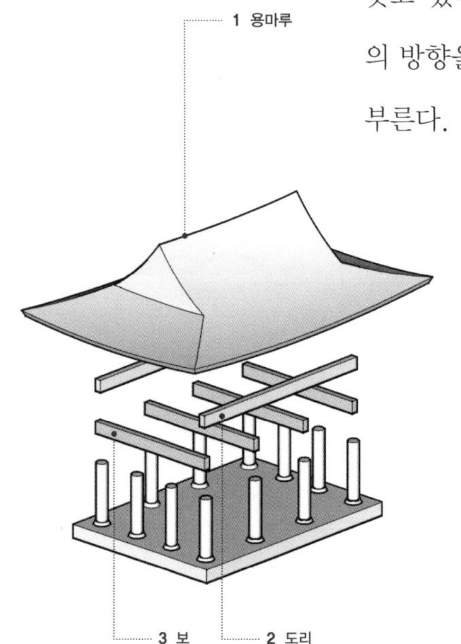

용마루와 같은 방향의 보는 **도리**[2]라고 부른다. 우리가 전면에서 건물을 보면 기둥과 기둥을 가로지르는 수평 부재가 도리다. 그리고 이와 직각 방향의 보는 그냥 **보**[3]라고 부른다. 보는 우리의 시선과 평행한 방향의 부재다. 넓은 의미에서는 모두 보라고 통칭하지만 좁은 의미에서는 보와 도리를 구분한다. 지금부터는 보와 도리를 구분하자.

집이 커지면 지붕도 커진다. 지붕 구조가 복잡해지면서 올려놓아야 할 보도 다양해진다. 그중 가장 중요한 보는 맨 아래 있는 보다. ㅅ 자를 이루는 지붕의 맨 아래서 그 위의 하중을 다 메고 있는 보가 **대들보**[4]다. 삼겹살처럼 좀 이상하게 조성된 단어기는 하다. 어쨌건 건물에서 워낙 중요한 부재의 이름이다 보니 가문의 대들보라고 하면 믿을 만한 장남을 일컫는 의미도 갖게 되었다.

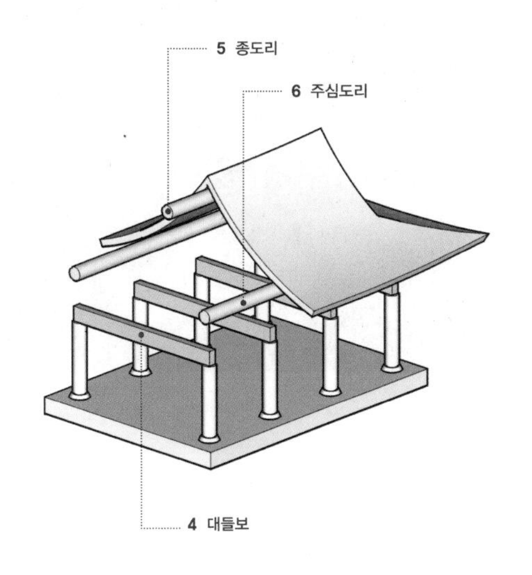

이 대들보 위에 경사지붕의 ㅅ 자를 형성하는 지붕 부재들을 차곡차곡 얹게 된다. 그 부재들은 대개 보와 같은 방향을 향하고 있다. 그래서 보는 빨대의 단면보다는 나무젓가락의 단면을 취한다.

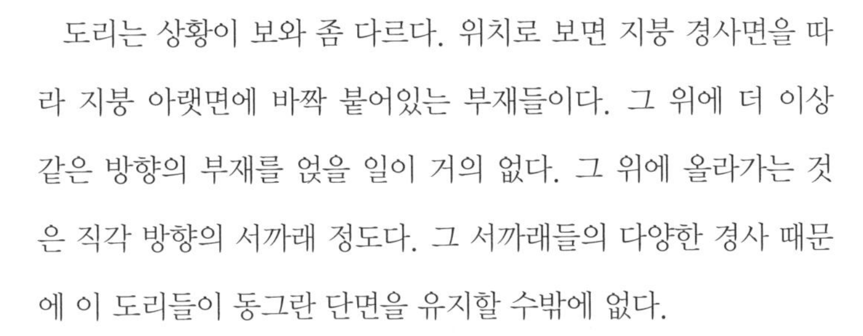

도리는 상황이 보와 좀 다르다. 위치로 보면 지붕 경사면을 따라 지붕 아랫면에 바짝 붙어있는 부재들이다. 그 위에 더 이상 같은 방향의 부재를 얹을 일이 거의 없다. 그 위에 올라가는 것은 직각 방향의 서까래 정도다. 그 서까래들의 다양한 경사 때문에 이 도리들이 동그란 단면을 유지할 수밖에 없다.

경사지붕을 구성하는 도리는 이론상 최소한 세 개면 된다. 용마루를 받치는 도리가 우선 필요하다. 이 도리를 **종도리**[5]라고 한다. 그리고 지붕 양쪽 기둥 위에 올라가는 도리가 하나씩, 두 개가 필요하다. 기둥 위의 이 도리를 **주심도리**[6]라고 한다.

지붕의 방향에 따라 보의 이름이 분화된 만큼 포작의 이름도

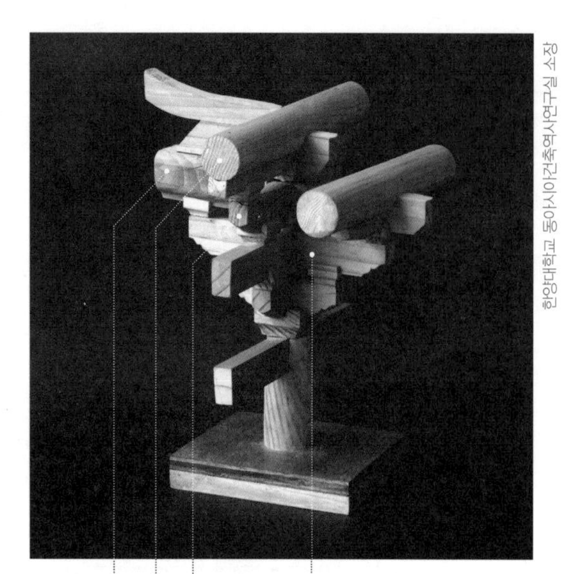

한양대학교 동아시아건축역사연구실 소장

분화되었다. **도리**[7]를 받치는 것들은 **첨차**[8]라고 하고, **보**[9]를 받치는 것들은 **살미**[10]라고 한다. 건물 전면에서 입면이 마주 보이는 부재들이 바로 첨차다. 대개 첨차와 살미는 방향만 다를 뿐 기둥 위에서 함께 결구된다. 이들이 조합된 입체 전체가 바로 포작이다.

그런데 도리는 서까래를 받으면서 기둥 위에 얹힌다. 도리가 서까래를 받기 위해 동그란 모양이니 주심도리를 얹는 부재 상단은 이 도리의 모양에 맞춰 동그랗게 파내야 한다. 문제는 실제로 맞춰보기 전에는 하부 구조체가 제대로 가공이 되었는지를 확인할 길이 없다는 것이다. 맞지 않으면 도리를 내려놓고 다시 깎아야 한다. 험난한 과정이다. 어댑터가 다시 필요하다.

이 어댑터들의 상부는 동그란 도리에 맞춰져있고 하부는 네모나게 재단되어있다. 네모난 모양은 동그란 모양보다 시공 오차의 허용 폭이 넓다. 어댑터를 지상에서 재단하고 하부 구조체 위에 끼워넣기만 하면 된다. 원래 이 어댑터의 역할을 부여받은 것은 소로였다.

그런데 이 작은 부재 위에 도리를 얹으려면 소로의 위치가 정확하게 줄과 방향을 맞춰 정렬되어있어야 한다. 그런데 이 역시 쉬운 일이 아니므로 **소로**[11]를 줄 맞춰놓을 가이드가 필요하다. 그 역할을 하는 부재를 장혀라고 한다. 이 가이드는 굳이 기둥 사이를 가로질러 연결될 필요가 없다. 각각의 기둥 위에만 얹히는 짧은 어댑터를 **단장혀**[12], 혹은 단혀라고 한다. 게다가 장혀와 단혀는 도리를 받쳐주는 보조 구조재의 역할도 일부 맡게 되었다.

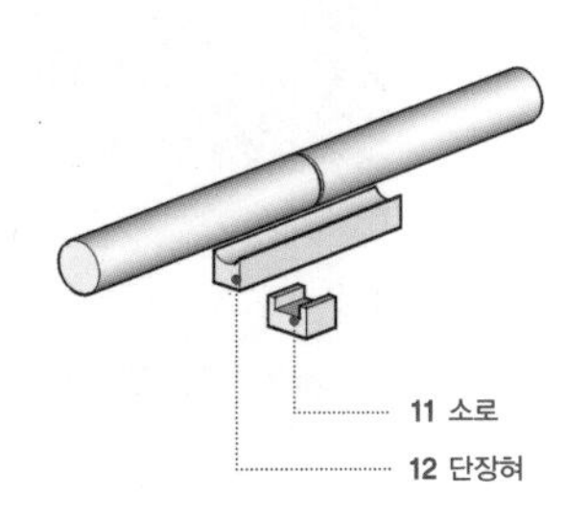

지붕의 진화 과정을 통해 우리는 진화의 열쇠를 쥐고 있는 것이 처마임을 확인했다. 전통건축에서 가장 먼저 변형, 파손되는 부분이 처마다. 이것은 워낙 불안정한 구조를 갖고 있기 때문이다. 한쪽 끝이 허공에 나와있는 처마가 불안정한 것은 당연한 일이다.

해결해야 할 문제는 어떻게 하면 이 튀어나온 처마 길이를 최대화하면서 덜 불안정한 구조를 만드느냐는 것이다. 처마는 서까래 위에 기와가 얹힌 것이다. 그 서까래를 받치는 부재가 기둥 바깥으로 내뻗은 위치에도 있다면 당연히 처마 길이는 늘어날 수 있다.

이 부재는 위치로 치면 가장 바깥에 있고 방향으로 치면 도리이므로 이름이 **외목도리**[13]다. 외목도리 역시 그 위로 직각 방향의 서까래만 받으면

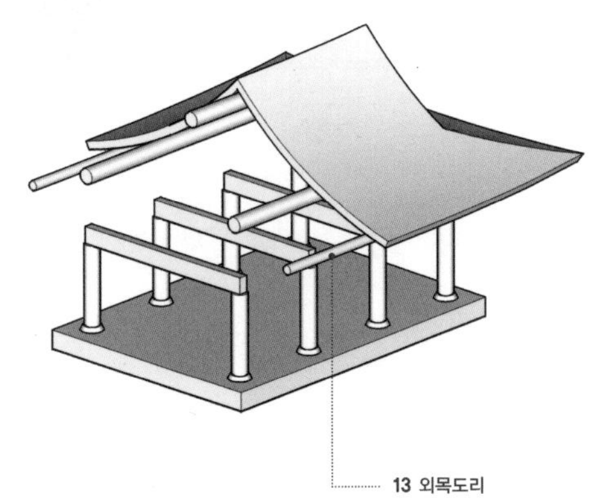

입체적으로 보는 영주 부석사 무량수전의 포작

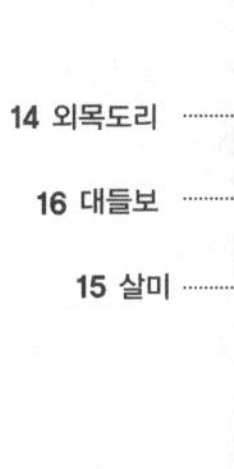

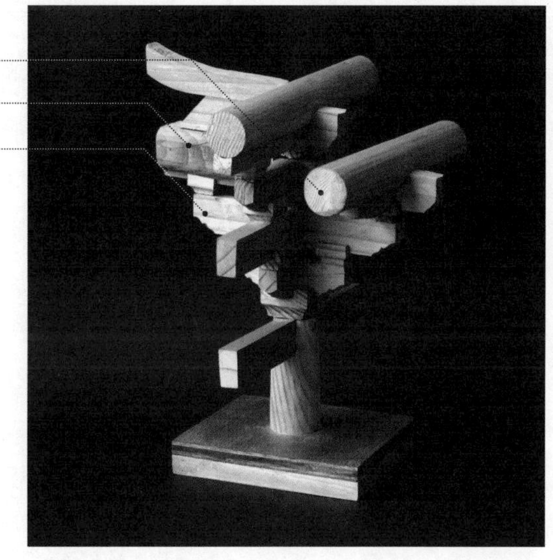

한양대학교 동아시아건축역사연구실 소장

되므로 동그란 빨대형 단면이면 된다. 이 외목도리 역시 허공에 떠있을 수 없으므로 뭔가가 받쳐줘야 하는데 이 문제를 해결할 가능성을 보여준 것이 바로 살미다. 기둥 위에서 건물 내부의 대들보를 부축해주던 살미.

이 살미의 방향을 뒤집어 건물 바깥 방향으로도 내뻗으면 **외목도리**[14]를 받쳐줄 수 있다. 즉 **살미**[15]는 건물 내부로는 **대들보**[16]를 받고 건물 외부로 나오면 이와 직각 방향인 외목도리를 받치게 된다. 포작이 지닌 위대한 역할이 제대로 빛을 발하기 시작하는 시점이다.

이제 전통건축의 가장 중요한 과제는 살미가 얼마나 더 멀리 처마내밀기를 가능하게 해주느냐는 것이다. 사실 처마내밀기의 도전은 처마를 향한 것이 아니었다. 목수를 향한 것이다. 그런데 이 외목도리의 역할과 조건이 만만하지 않다. 이후의 진화는 모두 이 외목도리가 고삐를 쥐게 되었다.

가장 화려한 순간

노처녀와
외목도리

키 크고 잘생기고 성격 좋고 연봉 많을 것.

일일연속극 중독 노처녀가 결혼정보회사에 내거는 요구 조건에 해당될 만한 덕목이다. 우리가 해줄 수 있는 충고는 별게 없다. 계속 혼자 연속극을 보며 살든지 요구 조건 일부를 포기하라는 것 정도다. 그런데 **외목도리**[1]에 요구되는 조건이 바로 그런 수준이다.

틀튼하고 가볍고 곧고 길 것.

요구 조건의 근거를 알기 위해서 외목도리가 처한 상황을 분석해보자. 도리는 그 위에 얹히는 **서까래**[2] 무게를 받기 위한 것이다. 당연히 튼튼해야 한다. 그런데 이 외목도리는 기둥 밖으로 내민 **살미**[3]의 맨 끝단에 얹혀있다. 그 끝단이라는 것이 기둥에서 멀면 멀수록 더 좋은 것이다. 그만큼 긴 길이의 처마내밀기를 할 수 있고 그럴수록 기둥의 발목이 젖을 염려가 줄어들기 때문이다. 살미가 내민 팔 끝에 얹혀 지내는 상황이니 최대한 가벼워야 한다. 여기 서까래가 가지런하게 얹히려면 외목도리는 곧게 뻗

영주 부석사 무량수전의 외목도리

은 것이어야 한다. 외목도리를 받치는 살미는 기둥 위에 얹혀있다. 살미 간격이 기둥 간격이니 외목도리는 최소한 기둥 간격만큼 긴 부재여야 한다. 최적이 아니고 최소다.

이로써 외목도리에게 요구되는 덕목이 정리되었다. 튼튼하고 가볍고 곧고 길 것. 그런 부재는 없거나 지극히 희귀하다. 외목도리가 이 중 어느 조건을 타협하거나 포기할 수 있는지 보자.

튼튼한 것은 재료에 관계된 성질이다. 우리는 플라스틱, 탄소섬유, 알루미늄과 같은 다양한 재료 중 하나를 고르는 중이 아니다. 재료는 그냥 나무다. 물론 나무는 수종에 따라 밀도와 강도가 다소 다르다. 그러나 거듭, 숲 속은 백화점이 아니다. 목수가 수종을 기어이 골라 쓸 만큼 여유가 있는 것도 아니고 강도 차이가 큰 것도 아니다. 게다가 자연 부재인지라 수종만큼이나 옹이나 생육 환경의 변수도 크다.

조상들은 소나무를 편애했다. 답사를 다녀보면 가끔 싸리나무를 기둥으로 썼다는 건물을 만난다. 그 싸리나무는 빗자루 만드는 나무가 아니고 느티나무를 일컫는다. 그런 예외를 빼면 나머지는 거의 소나무다. 결국 수종이라는 점에서 별 다양성이 없다 보니 특별히 더 튼튼하다는 조건은 선택의 대상이 아니다.

남은 조건은 가볍고 곧고 길어야 한다는 것이다. 나무가 가벼워지려면 가늘어져야 한다. 그러나 가늘어진다는 것은 약해짐을 의미한다. 서까래를 받아야 할 구조체가 무작정 얇아질 수도 없다. 적당히 가볍고 적당히 튼튼한 수준에서 타협해야 한다. 그 적절한 값을 얻는 유일한 길은 시행착오뿐이었다.

이제 곧고 긴 조건이 남았다. 이리저리 휘어있는 부재를 쓰면 그 위에 얹힐 서까래를 모두 여기 맞춰 깎아야 한다. 이건 기둥을 지형에 맞추느냐, 지형을 기둥에 맞추느냐의 고민에서 한번 결론이 난 사안이다. 받쳐주는 아랫부분이 수평을 유지해주는 것이 결과물의 완성도에서 가장 안전한 방식이다. 곧아야 한다는 조건도 포기할 수 없다.

결국 타협을 위해 남은 조건은 하나다. 길어야 한다. 기둥 간격의 길이가 최적이 아니고 최소라고 했다. 이 최소 길이에서 시작하여 얼마까지 타협할 수 있는지 확인해보자. 양보할 수 있는 게 없다면 또 대안을 찾아야 한다.

영주 부석사 조사당의 외목도리
세 개의 부재를 주심포작의 위에서 연결했는데 구조적으로 보면 지붕 전체를 가로지르는 단일 부재를 얹어놓는 것이 가장 이상적이다.

살미

소로

장혀라고 부르는 이 부재는 소로 위에 동그란 도리를 얹기 위한 어댑터다.

이 두 부분에서 외목도리가 연결되었다.

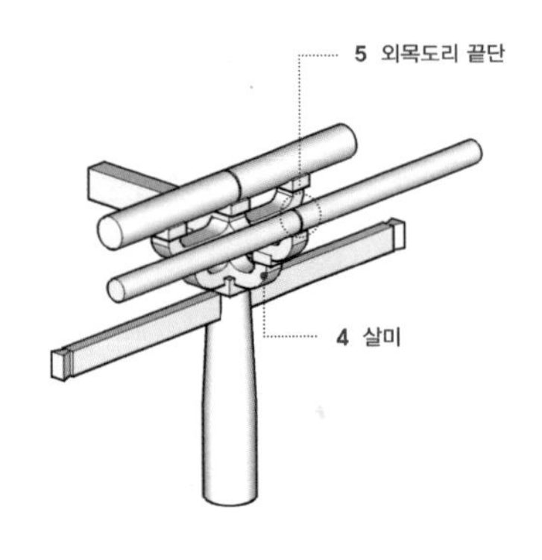

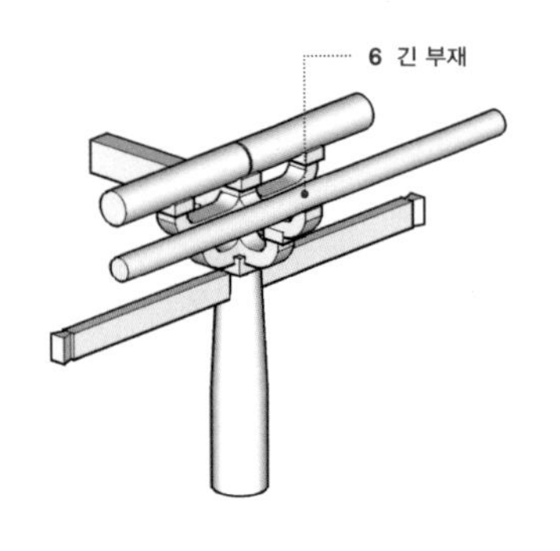

최소 길이의 외목도리를 장만해서 **살미**[4] 위에 얹어보자. 이 살미 하나에는 양쪽 방향의 **외목도리 끝단**[5]이 걸쳐진다. 두 외목도리는 살미 위에 얹은 어댑터, 소로 폭의 반씩을 할애 받아 얹힌다. 간신히 걸쳐진 상태가 된다.

그런데 이 외목도리는 하중을 받으면 처진다. 두 외목도리가 각자의 처지에 따라 편한 대로 처진다. 대단히 불안정한 모습이다. 이 처짐의 문제를 줄이는 길은 외목도리끼리 접착제로 붙여 놓는 것이다. 그런데 접착제가 없으므로 그냥 **긴 부재**[6]를 사용하면 되겠다. 가장 이상적인 외목도리의 길이는 건물 전체를 가로지르는 것이다. 외목도리의 최소 길이는 기둥 간격이고 최적 길이는 지붕 전체의 길이다. 최소와 최적 사이에서 기둥 간격의 배수만 한 단계가 존재할 따름이다. 그런데 이 기둥 간격이 죄 제각각이다.

이건 우진각지붕의 추녀마루보다 훨씬 더 심한 요구 조건이고 맞추기 어려운 퍼즐이다. 두꺼운 목재보다 긴 목재가 운반 면에서 더 곤란하다는 것은 이미 이야기가 되었다. 게다가 긴 부재를 쓴다고 해서 처짐이 줄 뿐이지 완전히 사라지는 것은 아니다. 외목도리는 오직 적당히 튼튼하기 때문이다.

영주 부석사 무량수전의 모서리

그런데 지붕이 **앙곡**[7]을 갖고 기둥이 **귀솟음**[8]을 하자 곧고 길어야 한다는 조건도 수정을 하게 되었다. 기둥 상단의 높이가 다 다르니 그 높이차만큼 적당히 휘어야 한다. 그 절묘한 높이차를 감안한 수준으로 적당히 휘어야 한다. 그렇지 않다면 그냥 기둥 간격의 길이를 갖는 외목도리를 이어 조합할 수밖에 없다.

우선 시급한 대로 대안을 만들어보자. **살미**[9]의 끝단에 외목도리의 길이 방향으로 **단혀**[10]를 또 얹고 여기에 외목도리를 얹어놓으면 좀 나아질 수 있겠다. 단혀는 시공상 가이드의 역할도 하면서 그 위의 부재를 부축하는 보조 구조재였다. 그런데 여기는 굳건한 기둥의 상부가 아니고 여전히 까치발로 간신히 서있는 살

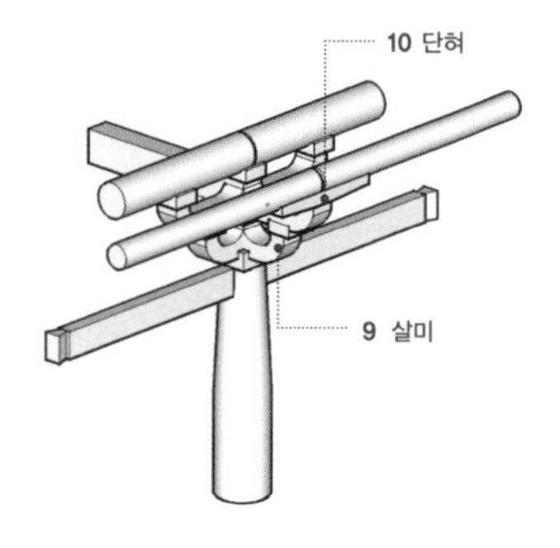

미의 끝단이다.

처마는 전통건축의 발전 과정에서 가장 중요한 변수였다. 그래서 처마를 받치는 외목도리도 대단히 중요하다. 대들보보다 덜 중요하다고 단정할 수도 없다. 그런데 이 외목도리가 골치 아픈 조건들을 요구하기 시작했다. 길이의 문제를 해결해보겠다고 했더니 이것 역시 모순적이기는 마찬가지다. 구조상 길면서 시공상 짧을 것.

이 문제에 직면해서는 두 가지 선택이 존재한다. 포기 아니면 극복이다. 전통건축은 이 두 방식을 모두 선택하고 실험했다. 결과는 새로운 양식의 등장이다.

절박함이
사라진
자리

용, 연꽃, 봉황, 도깨비

이 새로운 양식의 건물에 등장한 생뚱맞은 모습들이다. 도대체 숲 속의 나무는 어쩌다가 여기에 이르렀는지 살펴보자.

외목도리를 포기하는 것은 처마내밀기의 욕심을 버리는 것이다. 처마내밀기가 줄어드는 만큼 처마 높이는 낮추면 된다. 우산이 작을 때 발목을 적시지 않으려면 우산 높이를 낮춰야 한다. 필요한 공간의 크기가 작다면 무난하게 선택할 수 있는 방법이다. 우리의 일상 속에 있는, 잿밥의 건물들이 바로 이 방향을 선택했다. 민가들이다. 민도리집이라고 하는 이것이 첫 번째 양식이다.

그러나 염불이 중요한 건물들은 여전히 높고 커야 한다. 결국 처마내밀기를 포기할 수도 없고 외목도리를 포기할 수도 없다. 그렇다고 건물 전체를 가로지르는 길이의 외목도리는 구할 길이 없다. 우리가 간신히 구한 외목도리의 길이는 기둥 간격을 크게 넘지 않는다.

외목도리가 처지는 문제는 어떻게 해결할 것인가. 답은 여전히 간단하고 명료하다. 그 처지는 부분을 받쳐주면 된다. 포작을 기둥 사이에도 만들어놓고 외목도리를 받치면 된다. 필요하다면 하나만 올리지 말고 여러 개를 올릴 일이다. 하나가 좋으면 둘, 셋도 해보자는 것이 포작의 전통이기도 하다. 포작이 촘촘히 서서 받치고 있으면 외목도리로는 최적은 커녕 최소에도 못 미치는 목재들을 이어 써도 문제될 것이 없다. 어정쩡한 길이의 부재를 적당히 이어 써도 된다.

그렇다면 다음 문제는 기둥 사이에서 포작 받칠 부재를 찾거나 만드는 것이다. **창방**[1]이 눈에 띌 수밖에 없다. 시공 초기에 기둥의 상단을 잠시 붙들고 있다가 한가히 놀고 있는 부재였다. 창방이 주요 구조재로서 건축사의 무대에 화려하게 등장하는 중이다.

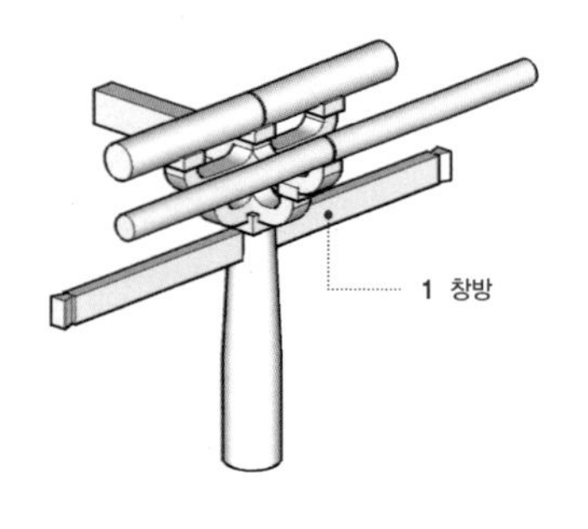

창방은 외목도리가 받는 처마 무게를 엉겁결에 떠안게 되었다. 게다가 줄줄이 늘어선 포작의 무게까지 덤으로 받았다. 창방에게 부여된 임무의 중차대함은 버텨야할 하중으로 고스란히 표현되었다. 창방은 갑자기 굵어져야 했다. 대들보만큼이나 굵고 튼튼한 부재를 선택해야 했다. 대들보에 쓰이던, 모서리가 둥근 직사각형 단면의 그런 부재가 창방으로 간택되었다. 그 위에 정교하게 깎은 포작이 줄서서 올라가게 되었다.

그러나 창방 위에 **포작**[2]을 올려놓기는 쉽지 않았다. 창방의 폭은 포작을 얹기에 너무 좁았다. 그렇다고 창방 폭을 마음대로 늘릴 수도 없는 일이었다. 기둥과의 조립을 고려해야 했기 때문이다.

그래서 고안한 방법이 **창방**[3] 위에 포작 얹을 널찍한 어댑터를 하나 더 올려놓는 것이다. 이 부재의 이름은 **평방**[4]이다. 평방은 오로지 포작을 올려놓기 위한 부재였다. 하중은 그 아래 창방이 다 받으므로 짧은 부재를 평방으로 이어 써도 문제가 없었다. 평방의 요구 조건에서 길이는 문제되지 않았다. 오직 넓으면 됐다. 아주 넓을 필요도 없고 포작이 발을 디딜 만큼 적당히 넓으면 될 일이었다.

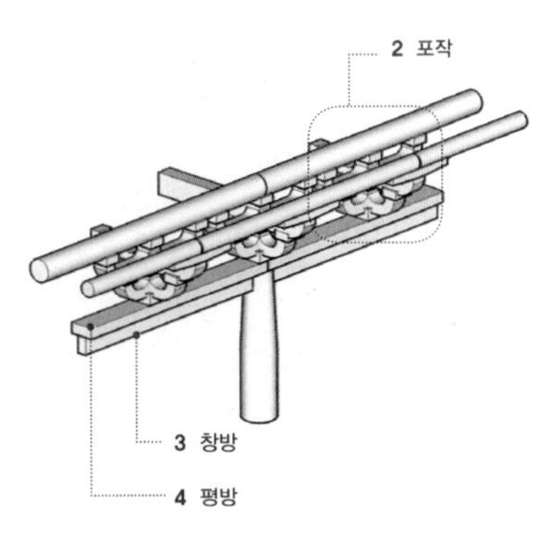

그런데 어차피 폭이 넓은 부재는 길이도 길 가능성이 크다. 몇몇 목수는 기왕이면 평방도 하중 일부를 받아주기를 기대하기도 했다. 평방이 구조체가 되려면 창방이 아니라 기둥에 지지되어야 한다. 실제로 조선 시대의 많은 다포식 건물에서 평방은 구조체의 역할을 일부 담당하기도 했다. 말하자면 조금 거드는 수준이었다.

이런 평방들은 대개 창방 위에 바싹 붙이지 않고 조금 위로 띄워서 시공을 했다. 창방만큼 튼튼하지 않은 평방들은 그래서 포

양산 통도사 영산전의 평방과 창방
평방이 휘어있고 그 아래 창방과 문을 차례로 누르고 있다.

작을 얹으면 눈에 띄게 아래로 처진다. 평방이 처지면 그 위의 포작도 기울어진다. 건물 마감의 완결성이라는 점에서 합리적이라고 볼 수 없다. 그러나 평방도 그만큼 구조적인 역할을 분담한다는 점에서 이 방식이 좀 더 안전하다고 판단한 목수들이 있었을 것이다. 그들이 누구누구였는지는 휜 평방을 보면 알 수 있다.

이제 포작은 기둥과 기둥 사이에도 올라가게 되었다. 주간포작이라고 부르는 이것들은 외목도리를 받쳐 충분한 처마내밀기를 확보하기 위한 것이다. 전통건축사에서 이 순간을 서술하는 문장은 주심포식에서 다포식으로의 변화다. 그 변화는 밀물 같은 것이었다.

우선 평방 위에 다닥다닥 올라선 주간포작이 해야 할 가장 중요한 임무를 잊지 말아야 한다. 외목도리를 받는 것이다. 최대한 밖으로 돌출해서 확실한 처마내밀기를 이뤄내야 한다. 그래서 외목도리를 받는 살미는 위로 올라갈수록 더 밖으로 팔을 내뻗어야 한다.

이와 직각인 도리 방향으로 줄을 서있는 첨차의 입장은 어떨까. 위로 올라가면서 팔을 더 뻗어봐야 별로 달라지는 일이 없다. 그 옆에서는 또 다른 첨차가 이미 촘촘히 줄을 서있기 때문이다.

사실 이들이 받치고 있는 주심도리의 입장에서는 굳이 이렇게까지 많은 첨차도 필요 없다. 오로지 처마내밀기를 위한 살미가 기둥 사이에 얹히다 보니 같은 포작 부재라고 죄 덩달아 끌려와 얹혀있을 따름이다. 그래서 주심도리를 받치는 첨차는 위로 올라가더라도 적당히 폭을 넓히는 수준에 머문다.

필요한 포작의 개수가 증가했다. 이 포작은 엄청난 목재의 조합이다. 깎기도 짜기도 대단히 어렵다. 목수에게는 골치 아픈 작업이다. 그러나 더 많은 포작을 만드는 것은 복잡한 일일 뿐 불가능한 일은 아니다. 이에 비해 건물을 가로지르는 외목도리용 부재를 찾는 것은 불가능에 가깝다. 찾지 못하면 처마내밀기에 한계가 있고 기둥이 썩는다.

포작을 기둥 사이에 얹어놓지 않으면 안 될 절박한 이유는 시각적인 것이 아니다. 다포식은 보기에 좋고, 화려해 보여서 선택된 것이 아니다. 건물의 존폐에 관련된 위협에 대응한 결과다. 포작을 기둥 사이에도 얹어놓는 성가신 작업을 감내하지 않으면 더 위험한 상황이 벌어지기 때문이다. 위험한 상황이란 건물이 기울고 무너지는 일이다. 아니면 아예 처음부터 집을 지을 수 없든지.

이제 우리에게 익숙한 다포식 건물이 그 존재를 드러냈다. 그리고 이 사건은 왜 전통건축에서 주심포 양식이 결국 멸종하게 되었는지를 설명해준다. 주심포식으로 우리에게 남은 것은 고려 시대의 화석 몇 점뿐이다. 조건에 적응해 생존한 것은 다포식이다.

다포식이 등장한 시기는 고려 중기 이전일 것이다. 건물로 남

외목도리가 여기서 연결되었다. 이 위치에 받쳐주는 포작이 없었으면 이 지점에서 외목도리를 연결할 수는 없었다.

해남 미황사 대웅보전의 다포양식
주심포작이 아닌 주간포작의 위에 외목도리의 연결 지점이 보인다. 다포양식이 성취한 가치는 화려함이 아니고 유연함, 혹은 자유로움이었다. 자연석을 쓴 덤벙주초의 의미도 유연함, 자유로움이었다.

삼성미술관 리움 소장

고려 시대 금동대탑의 하부
10세기나 11세기에 만든 것으로 추정된다. 이 탑 모양 공예 중에서 포작이 기둥 외에 도리 위로 올라가 있는 것이 보인다.

아있는 것은 없지만 박물관의 미술품에 남은 흔적들이 이를 증언해준다. 미술관 곳곳에는 고려 후기로 가면서 확연하게 자리를 잡아가는 다포식의 흔적들이 소장품으로 남아있다. 그렇다면 왜 우리에게 고려 시대의 다포 양식은 실물 건축으로 남아있지 않은 걸까.

아마도 고려 시대는 다포식의 지속적인 실험기였을 것이다. 실물이 없으니 어떤 점이 문제였는지는 알 길이 없다. 그러나 아직 최적화에 이르지 못한 건물들은 계속 지어지고 무너졌을 것이다.

다포식은 목조건축으로는 거의 최적화를 이룬 형식이다. 남은 과정은 양식화다. 불상의 양식화처럼 후대의 목수들은 여기 저

해남 대흥사 대웅보전의 다포양식
다양한 목각 형상들은 물리적 절박함을 뛰어넘은 뜨거운 불심의 징표다.

기 흔적기관들을 만들기도 했다. 지금도 전통건축의 답사 현장에는 그 양식화의 결과물들이 수두룩하다.

바이올린 제작자가 여유를 부릴 수 있는 부분은 바이올린 목 상단의 스크롤 정도였다. 전통건축의 목수들에게 그런 공간은 살미의 바깥 노출면이었다. 바이올린 제작자들이 골뱅이 모양을 새긴 만큼 목수들도 여기에 이런저런 모양을 새겨넣었다. 이리 솟고 저리 굽은 모양에 따라 전통건축은 세분화된 양식의 이름을 갖게 되었다. 익공, 쇠서, 앙서, 운공 등. 거기 새겨진 모습은 용, 연꽃, 봉황, 도깨비 등 다양했다. 물리적 절박함보다는 뜨거운 불심佛心이 앞에 드러나기 시작했다.

멸종한
종의
흔적

적자생존適者生存

자연의 법칙은 강자생존强者生存이 아니고 적자생존이었다. 치타보다 두 배나 빨리 달릴 수 있는 짐승이 살아남는 것이 아니었다. 시장이 요구하는 것보다 훨씬 뛰어난 환상의 제품이 살아남는 것도 아니었다. 꼭 적합한 것들이 적합한 곳에서 살아남았다. 처마내밀기에도 그런 역사가 숨어있다.

전통건축 목수들이 포기한 중요한 처마내밀기 기법이 있다. 어린이 놀이터의 시소 원리를 이용한 기법이다. 지렛대의 원리라고 해도 된다. 쉽게 이해하기 위해서 요즘의 공사장으로 가보자. 다행인지 불행인지 아직 전국 곳곳이 공사장인 한국에서는 찾고자 하는 이것을 쉽게 찾을 수 있다.

공사장의 타워크레인
오른쪽 끝에 매단 콘크리트 무게추 덕분에 왼쪽의 팔이 길게 내뻗고 더 무거운 것을 들 수 있다.

고층건물을 짓기 위해서는 재료를 높은 공간으로 실어올려야 한다. 사람이 들어올릴 수 없는 무게들이므로 크레인이 필요하다. 지상에 야적한 재료를 정확히 집어 필요한 장소에 실어올리기 위해 타워크레인은 길게 한 팔을 밖으로 내뻗은 모습이다. 그 팔이 가장 능률적으로 최대한의 무게를 들어올리기 위해 팔의 반대쪽에는 콘크리트 덩어리들이 매달려있다. 지렛대의 반대쪽을 눌러놓은 상황이다. 콘크리트 덩어리들이 없으면 타워크레인이 들어올릴 수 있는 무게는 대폭 줄어든다.

이 지렛대 방식을 처마내밀기에 적용한 예가 있다. 처마내밀기의 문제는 처마의 무게다. 내밀면 내밀수록 팔의 무게가 무거워지면서 지탱할 수 있는 한계에 이른다. 사실 전통건축의 처마는 지붕의 서까래들을 도리 위에 그냥 올려놓은 것들이다.

그런데 이 지렛대 방식을 여기 응용할 수 있을까. 처마 반대위치에서 지붕의 무게로 서까래를 확실히 눌러주면 어떨까. 지붕을 받치는 도리를 하나 새로 만들어서 지렛대의 반대쪽을 눌러놓는 것이다. 더 넓은 지붕의 무게가 처마내밀기의 균형추 역할을 수행하는 것이다. 이 지레의 역할을 하는 큼지막한 부재가 **하앙**[1]이고, 그 방식을 하앙식 구조라고 한다.

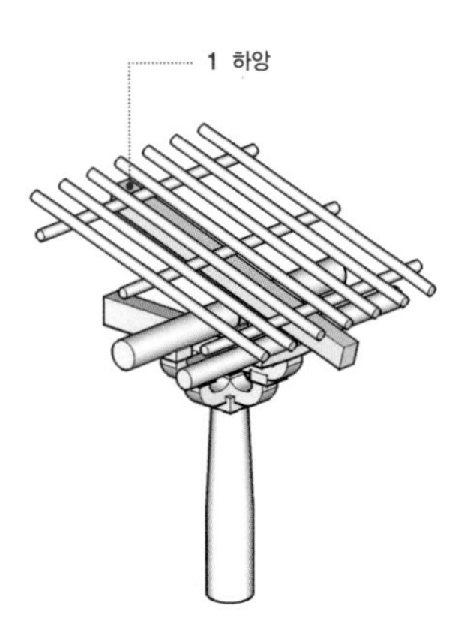

아직 보존이 잘된 일본 전통건축의 사례들은 목재를 사용했다고 보기에 믿기 어려울 정도의 처마내밀기 수준을 보여준다. 그것들은 모두 하앙식 구조를 선택한 결과물이다. 지금 우리에

이 부분이 하앙의 끝단이다.

완주 화암사 극락전의 하앙
기둥에서 외목도리까지 훨씬 더 많이 튀어나와 있는 것이 보인다. 건물 전면부보다 후면부에서 관찰이 쉽다.

게 남아있는 사례는 완주 화암사 극락전이 유일하다. 과연 이 건물의 처마는 다포식 건물보다 확연히 더 밖으로 멀리 뻗어나와있다.

우리도 전에는 하앙식 구조의 건물을 지었을 것이다. 그렇다면 이 방식은 중국과 한국에서는 왜 사라졌을까. 시공이 까다롭기 때문이다. 도리와 하앙을 이 방식으로 끼워 맞추려면 부재 재단은 오차 없이 정교해야 하고 시공 순서는 복잡하다. 여기서 상기해야 할 사안이 있다. 지금 작업에 나선 이들은 자연석을 기초로 쓰면서 그랭이질을 선보인 그 목수들이라는 점이다.

치타는 아프리카의 사바나가 아닌 백두대간의 숲 속에서는 살 수 없다. 옮겨왔다면 멸종했거나 다르게 진화했을 것이다. 건물이 세워지는 환경은 지역마다 다르다. 결국 우리 전통건축에서 하앙식 구조도 더 이상 뿌리를 내리지 못하고 멸종했다. 장점이 없어서가 아니고 환경에 적응을 하지 못했기 때문이다.

부처님의 미소를 얻는 방법

전세역전戰勢逆轉

이 한마디로 지칭되는 상황이 없다면 일일연속극은 모두 싱거운 한담에 지나지 않을 것이다. 결말을 알 수 없는 이 상황 덕에 인생도 끝까지 살아보자고 아등바등하는 것이고 그럴 가치도 있겠다. 건물에서도 전세역전의 순간이 있었고 그 덕에 공간은 훨씬 풍성해졌다. 그 두 주인공이 기둥과 보다.

지금까지 설명의 핵심은 건물 외곽의 기둥과 처마였다. 이들은 밖에 노출되면서 빗물과의 전투 전면에 서있는 부재들이었다. 그러나 기둥들은 건물 내부에도 존재한다. 이 기둥들은 대개 외부 기둥들처럼 정연한 격자를 이루지 않는다. 그 이유는 사람이 요구하는 공간 크기와 목재가 허용하는 공간 크기의 불일치 때문이다.

기둥은 필요하다. 하지만 사람들이 생활하는 공간의 어딘가를 이 부재가 굳이 점유하고 있을 필요는 없다. 기둥은 구조상 필요하지만 거기 없으면 기능상 더 좋은 부재다.

예를 들어보자. 다시 법당으로 들어가보자. 입구 반대쪽 어두침침한 가운데 만만치 않은 체구의 부처님이 앉아 계신다. 좌우

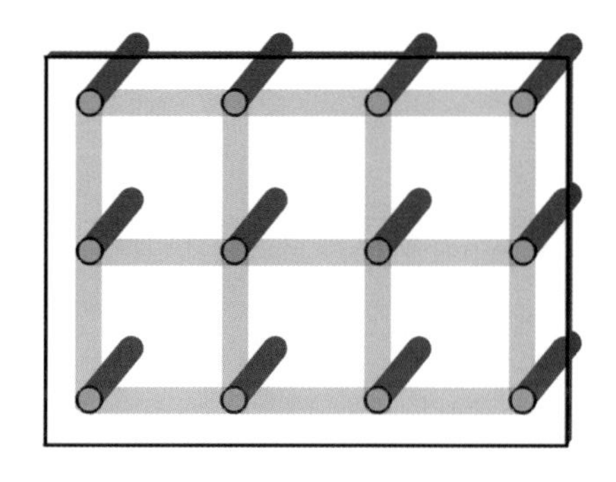
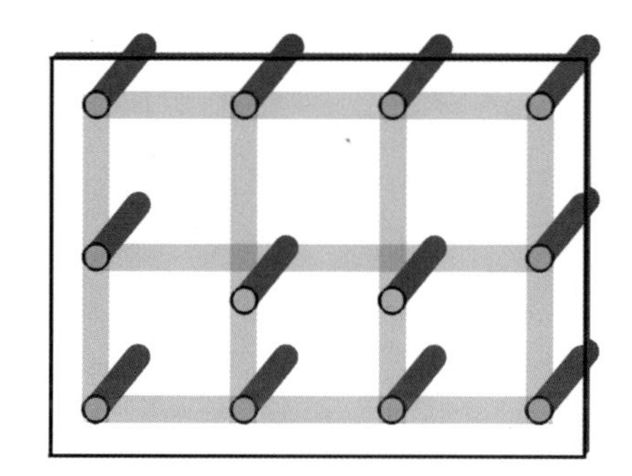

에 한 분씩 더 앉아 계신 경우도 많다. 이런 협시夾侍를 위해서는 공간이 좀 여유 있게 넓어야 한다.

그러나 이 넓어야 한다는 것이 말은 쉬워도 건축적으로는 대단히 어렵다. 기둥이 움직여줘야 하기 때문이다. 때로는 사라져 줘야 한다. 그런데 기둥이 없다면 지붕은 무엇으로 받치겠는가. 타협점은 기둥을 옮기는 것이다. 기둥을 없애는 것만큼은 아니어도 이 역시 만만치 않게 복잡한 작업이다. 기둥을 옮기면 보도 움직여야 한다. 부재의 위치뿐 아니라 크기도 달라져야 한다. 결합 방법도 달라져야 한다.

그러나 집이 부처님을 위해 있는 것이지 부처님이 집을 위해 있는 것이 아니다. 집을 부처님께 맞추는 사람이 바로 목수다. 옆에 선 주지 스님은 기둥 간격이 이 정도는 되어야 하겠노라고 말과 손가락 끝으로 집을 지을 따름이다.

옛 글에서 절을 창건했다는 스님들과 서원을 세웠다는 사대부들이 모두 이런 주지 스님의 입장이었다. 요즘으로 치면 건축주에 가까웠다. 퇴계가 도산서원을, 회재가 독락당을 지었다고 했을 때, 이들은 모두 이렇게 공간의 크기와 위치를 요구하는 입장이었다. 그러나 우리는 지금 실제로 나무를 깎아 집을 세울 목수의 애환을 이야기하는 중이다.

쉽게 해결책이 나오지 않는다면 전복적 사고가 필요하다. 다 뒤집어엎고 문제의 처음부터 새로 시작하는 것이다. 이번 상황도 뒤집어보자. 기둥 위에 보를 얹는 것이 아니고 보 위에 기둥을 얹는다. 그 기둥을 얹을 만큼 큼지막한 보 부재를 찾는 것이 문제이기는 하다. 보 위에 기둥을 얹는 것은 실제로 적지 않게 사용된 전세역전의 방법이었다. 주객전도主客顚倒나 본말전도本末顚倒라 해도 되겠다.

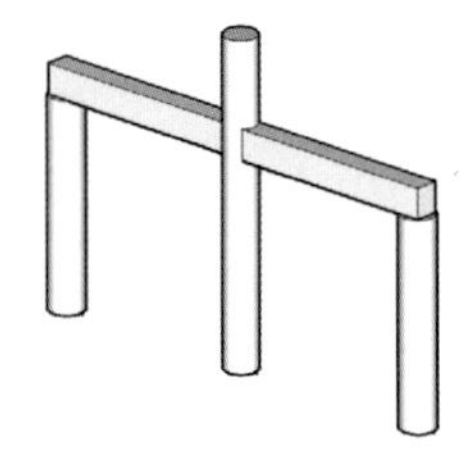

덕분에 부처님은 기둥이 없는, 혹은 물러선 공간에서 미소를 띠고 앉아계실 수 있게 되었다. 그 위에는 사라져야 했던 **기둥**[1]을 업고 있는 **대들보**[2]가 있다. 그 기둥 위에는 다시 작은 보들이 첩첩이 쌓여있다. 그 기둥들은 길이도 짧아졌다. 보 위에 얹히다보니 다양한 모습으로 변신해있기 일쑤다. 생긴 것은 여전히 기둥이되 좀 짧으면 동자주로 불린다. 생긴 모습이 기둥과 달라졌으면 그 달라진 모습을 따라 대공, 화반 등으로 불린다.

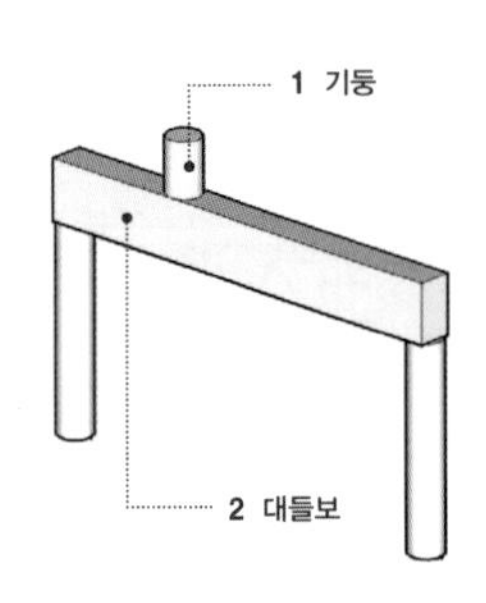

올려다본 법당의 천장 풍경이 난마와 같다면 그 이유는 기둥의 위치를 옮겨야 했던 데 있다. 여유롭고 온화한 부처님 해탈 미소의 배경에는 사바의 번뇌만큼 복잡다단한 구조가 지붕을 받치고 서있는 것이다.

이제는 지붕의 마지막 단계에 이르렀다. 지붕면을 만드는 것이다. 마지막으로 기와가 그 위에 올라갈 것이다.

고드름의 교훈

고드름 고드름 수정 고드름
고드름 따다가 발을 엮어서
각시방 영창映窓에 달아놓아요

발을 엮을 생각이 들 정도라면 처마에 가지런하게 매달린 고드름이었을 것이다. 그러려면 이 고드름을 만든 것은 역시 가지런히 얹힌 기와지붕이었을 것이다. 이제는 물이 아니라 얼음이다. 겨울에 쌓인 눈이 기왓골을 따라 살살 녹으면서 길다란 고드름을 만든다. 그걸 꺾어서 발을 엮으려면 어떻게 해야 할까. 이건 선형 부재를 엮어 면을 만드는 것이다.

고드름은 탄성이 없어서 구부리면 부러진다. 엮으려면 실과 같은 유연한 재료가 필요하다. 각시방 영창에 달아놓은 고드름 발도 실로 엮는 수밖에 없다. 그러나 실을 사용할 수 없는데 강성이 높은 선형 부재들만 이용해서 면을 만들어야 할 경우가 있다. 목재로 지붕을 엮는 경우다.

실로 천을 만드는 방식은 날줄과 씨줄을 교직하는 것이다. 이것은 동서양을 막론하고 옷감을 만드는 가장 전통적인 방식이다. 그러나 목재는 고드름처럼 휘면 부러진다. 이 뻣뻣한 날줄과 씨줄은 엮어놓지 못하고 겹쳐놓을 수밖에 없다.

전통건축에서 이 날줄과 씨줄은 각각 도리와 서까래다. 다음 질문은 이것이다. 그렇다면 서까래가 위로 가느냐, 혹은 도리가 위로 가느냐. 이 질문이 대두되는 것은 두 방식 중 하나가 다른 것보다 지붕의 곡면을 구성하는 데 더 합리적이기 때문이다. 경제적이거나 더 쉽거나 혹은 둘 다거나.

우리의 이야기는 **맞배지붕**[1]에서 시작했다. 그 지붕면은 더 이상 평면이 아니다. 빠른 비흘림과 처마내밀기라는 난제를 해결하기 위해 지붕면은 완만한 곡면이 되었다. 지붕에 최종적으로 얹히는 것은 기왓장들이다. 이 기왓장을 받치는 것은 재단한 목재들이다. 기계가 등장한 현대에는 이 선형 부재를 두루마리 화장지 풀듯 깎아내서 합판이라는 면형 부재를 만들기도 한다. 그러나 지금 목수의 손에는 오직 톱과 대패가 들려있을 따름이다. 이 선형 부재를 조합해서 휘어있는 곡면을 만드는 것이 지붕에 관해 목수에게 던져진 과제다.

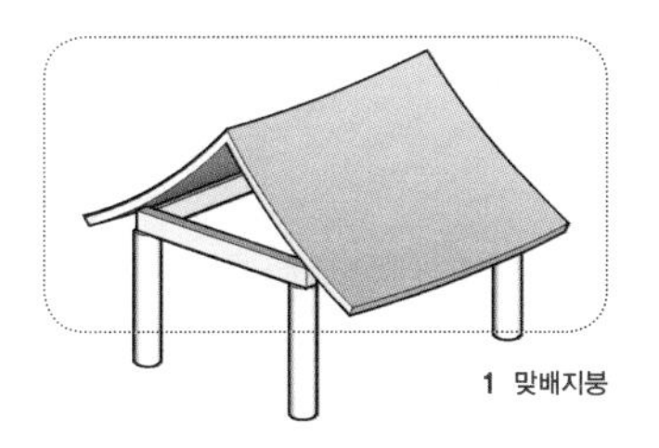
1 맞배지붕

허공에서 지붕 곡면의 위치를 잡는 것은 보통 일이 아니다. 결국 중요한 좌표 지점을 미리 결정해놓고 여기에 나머지 소소한 부재들을 얹어나가는 것이 그나마 쉽고 안전한 방식이다.

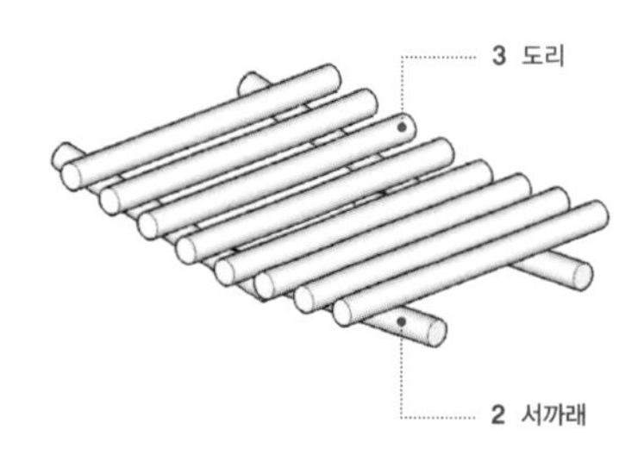

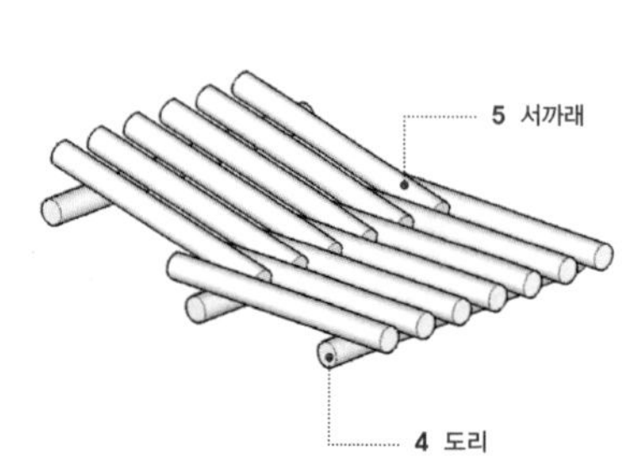

우선 **서까래**[2]를 아래 놓기로 해보자. 먼저 서까래들을 곡면에 맞춰 재단해야 한다. 그리고 이를 허공에 올려놓고 그 위에 촘촘히 **도리**[3]를 덮는다. 시공 오차가 생기기도 쉽고 생겨도 조정할 수 있는 범위가 너무 좁다. 목수가 선택할 수 있는 방법이 아니었다. 지금 문제는 지붕이 휘어있기에 생기는 것이다.

도리[4]를 먼저 놓아보자. 우선 도리를 지붕 곡면의 주요 지점에 맞춰 얹어놓으면 그 지점이 작업의 기준점이 된다. 결과물의 예측 신뢰도가 훨씬 높아진다. 전통건축의 목수들은 결국 도리를 먼저 얹었다. 도리 위에 **서까래**[5]를 얹어 지붕을 조합하는 것은 여전히 정교함을 요구하는 작업이기는 하나 상대적으로 더 안전한 방법이다. 지붕이 크거나 곡면의 정확한 치수가 필요하면 도리를 추가하면 된다.

개판을 위한 변명

개판이로군.

규칙과 갈래를 찾을 수 없는 상황을 표현하는 문장이다. 왕년에 예비군 아저씨들이 모이는 자리에서 이 문장이 등장하곤 했다. 그러나 이것은 말귀 못 알아듣는 강아지들이 멍석 위에 모여있다는 뜻이 아니다. 이 단어를 사전에서 찾아보면 설명이 이렇다. "상태, 행동 따위가 사리에 어긋나 온당치 못하거나 무질서하고 난삽한 것을 속되게 이르는 말",• "어떤 사건이나 행동이 이치에 맞지 않고 바르게 고쳐지지 못한 채 되는대로 진행되는 판국".•• 이 속된 표현의 근원을 찾아 우리가 만들고 있는 건물의 지붕으로 올라가보자.

한국의 소나무들은 산수화의 주인공으로 등장하기에 모자람이 없이 우아한 모습을 갖추고 있다. 그러나 그 모습은 집을 만드는 부재로 쓰기에는 곤란한 점이 많다. 이리저리 휘어있기 때문이

• 국립국어연구원, 표준국어대사전, 두산동아, 1999

•• 국어사전편찬위원회, 새로 만든 밀레니엄 국어대사전, 민중서관, 2000

다. 옹이도 많다. 이렇게 쓰기 어려운 소나무들로 정교한 서까래를 만드는 것은 쉽지 않은 일이었다. 그래서 전통건축 목수들은 적당해 보이는 나무들을 적당히 재단해 넣었다. 그 적당한 정도는 조선 시대에 이르러 좀 더 심해졌다. 너무 적당해져서 전통건축 교과서에는 자연스럽다는 단어가 가장 중요한 키워드가 되었다.

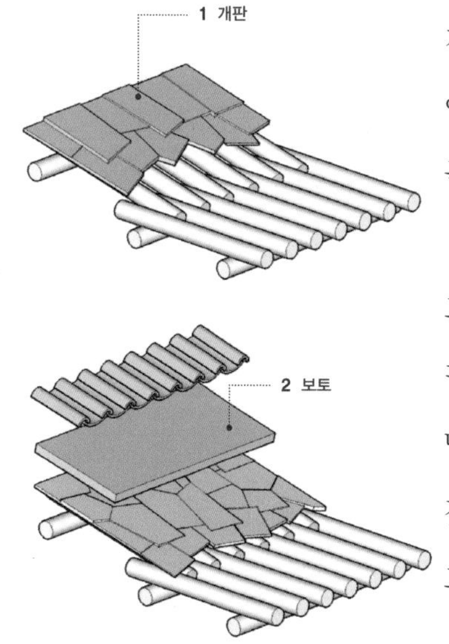

도리를 먼저 얹어 지붕 곡면의 좌표를 잡아도 그 위에 얹는 서까래들이 필요한 곡면을 정확히 만들어주지 않으므로 목수들에게는 이를 보완할 방법이 필요하다. 목수들은 그래서 서까래 위에 폭이 넓은 널판을 얹었다. 그리고 그 위에 흙을 얹어 정확한 곡면을 잡았다. 이 널판이 **개판**蓋板[1]이다.

개판은 어차피 흙, 즉 **보토**[2]로 덮일 운명의 부재였다. 굳이 정교하게 재단해야 할 이유도 없었고 그럴 나무의 여유도 없었다. 필요한 곳에 적당하게 나무판들을 올려놓으면 됐다. 그 모습은 당연히 무질서하고 난삽하였을 것이다. 아니 개판의 조합이었을 것이다. 널판이 없으면 짚이나 싸리를 얹기도 했다. 이를 산자라고 불렀다.

개판 위의 보토는 지붕의 하중을 엄청나게 증가시킨다. 하중

예산 수덕사 대웅전 지붕구조 모형
도리 위에 서까래를 얹고 그 위에 다시 산자를 얹은 모습이 보인다.

조건으로 보아 건물을 가분수로 만드는 것이다. 이것은 건물에 가해지는 횡력과 관련이 있는 판단이다. 건물에 횡력을 가하는 것은 지진이나 바람이다. 지진은 기초를 흔들고 바람은 건물을 민다. 지붕이 무거우면 지진에는 취약해지나 바람에는 안정적이 된다. 지진 걱정이 없는 한반도의 전통건축 목수들은 무거운 구조 방식을 선택했다.

지붕의 진화는 이제 종점에 이른 듯 보인다. 그러나 지붕을 마무리하기 전에 마지막으로 손볼 부분이 있다. 그것은 여전히 미덥지 않은 부분인 처마다. 중요한 질문은 여전히 진행형이다. 만족스러운 답이 수치로 존재하지 않는 질문이기 때문이다. 처마를 얼마나 내뻗어야 하느냐. 답은 항상 같았다. 조금만 더. 부재 길이가 허용하는 한 많이. 부재가 좀 모자란다면 좀 덧대는 한이

이 부연이 건물의 후면 처마에는 없다.

영주 부석사 조사당
특이하게 건물 전면에만 부연을 달았다. 당연히 뒷면보다 처마 길이가 길다. 기단의 폭도 전면이 더 넓게 잡혀있으니 이미 기단을 만들 때 처마 길이를 염두에 두고 있었음을 알 수 있다.

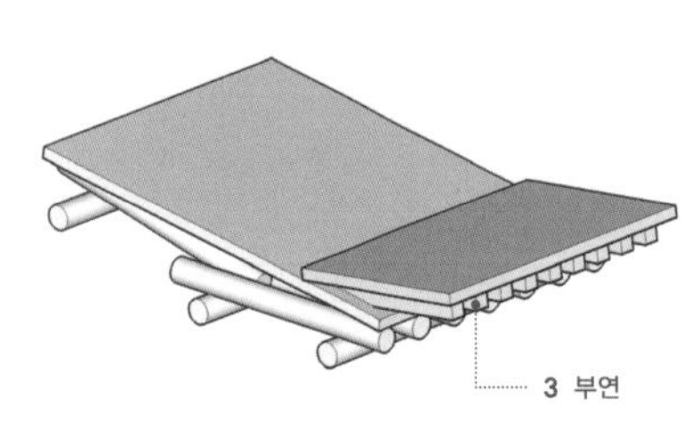

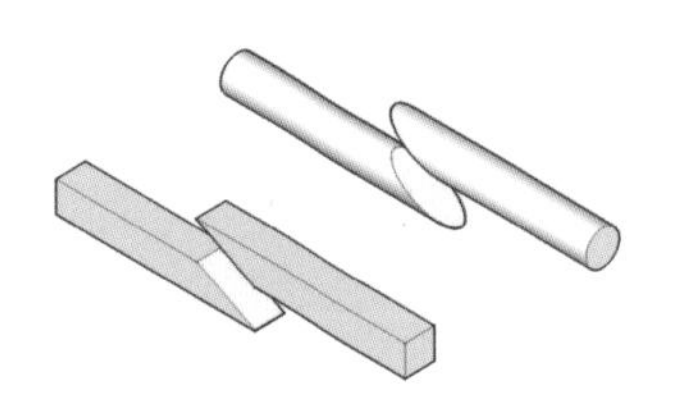

있어도 많이.

그래서 끝단에 실제로 별도의 서까래와 개판을 덧대 조금 더 처마를 내민 지붕들이 생겨났다. 처마내밀기의 이유가 비가림을 목적으로 최대의 수평투영 길이를 확보하기 위한 것이니 기존 처마의 경사보다 더 완만한 지붕이 합리적이다. 이렇게 덧댄 서까래를 일컫는 이름이 **부연**[3]이다. 부연은 처마의 진화가 마무리된 상황에서 좀 더 확실한 처마 내밀기를 위해 덧붙여진 것이다. 부연이 처마에 붙은 방식을 들여다보면 이 점이 명확하다.

부연은 개판이라는 면 위에 얹혀야 하므로 도리 위에 얹히는 서까래와 달리 사각 단면을 가질 수밖에 없다. 개판이 없이 직접 서까래 위에 얹힌다 해도 부연은 네모난 단면을 갖는 것이 합리적이다. 동그란 단면을 가지면 개판이나 기존의 서까래에 가서 접합되는 각도를 맞춰 재단하기가 대단히 어렵기 때문이다. 부연 설명을 하자면, 부연은 확실한 마무리를 위해 덧붙여진 것이다.

부연이 없는 처마를 홑처마라고 한다. 부연이 덧붙은 처마를 겹처마라고 한다. 부연은 지붕의 곡면을 유연하게 이어받는 방향으로 그 모양을 잡았다. 그 위에 보토로 곡면을 유연하게 다듬고 또 그 위에 기와를 얹었다. **서까래**[4] 끝에 **부연**[5]이 얹힐 때 모서리의 **추녀**[6] 위에도 **사래**[7]라고 부르는 큼직한 부재가 더 얹혔다.

이제 건물의 마무리인 기와를 살펴보자.

해남 미황사 대웅보전

도깨비와 연꽃의 자취

뿔+방망이

이 덧셈의 결과물은 무엇일까. 텔레비전 연속극은 아니고 옛날 이야기의 출연 빈도로 보면 나무꾼과 선녀에 뒤질 것이 없는 존재, 도깨비다. 나무꾼과 다른 점은 뿔이 달렸다는 것 말고는 어떻게 생겼는지 생김새를 알만한 단서가 없다는 것이다. 그래도 명색이 도깨비니 무섭게는 생겼을 것이다. 얼마나 무섭게 생겼는지 모습의 흔적을 살피려면 건물로 가야 한다. 맞배지붕에서는 찾기 어렵고 우진각지붕이나 팔작지붕의 건물로 가야 한다. 지붕 모서리의 끝에 도깨비가 있기 때문이다.

기와는 빗물과 직접 마주치는 최전선의 부재다. 일단 지붕면을 덮어야 한다. 그러나 취약점은 면이 접히는 곳, 면이 끝나는

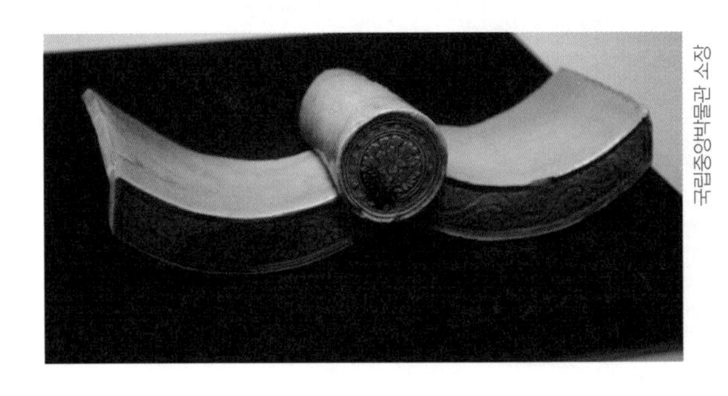
국립중앙박물관 소장

고려 시대의 화려한 청자기와
이 막새기와가 특별히 필요한 이유는 종이컵의 윗단이 말려있는 것과 같다.

1 와구토

강릉 선교장의 어느 지붕
경제적 여유가 있어도 막새기와를 쓰지 않고 소박하게 와구토로 마무리를 했다.

곳에 생긴다. 그런 곳에는 특별한 조치를 취해야 한다. 특별한 모습의 기와가 필요해지는 것이다.

일단 지붕이 끝나는 처마 끝단에는 종이컵의 윗단을 말아놓았던 것처럼 물이 수직으로 떨어지게 하는 장치가 필요하다. 그 역할을 하는 것이 막새기와다. 전체 지붕면의 기와에 비하면 많지 않으나 그렇다고 적은 수도 아니다. 그러나 조선 시대에 들어서면 이 막새기와도 거의 사라지고 처마 끝단은 그냥 회를 발라 막았다. 이를 **와구토**[1]라고 부른다.

지붕의 다른 취약 지점을 알아보기 위해 물의 성질을 살펴보자. 물을 움직이는 힘은 중력, 기압차, 관성, 그리고 모세관현상이라는 네 가지 중의 하나다. 나무를 잘라내면 그 단면 부위에 노출되는 수관은 모세관현상을 불러오기 딱 좋은 자리다. 이 단

영주 부석사 안양문의 모서리

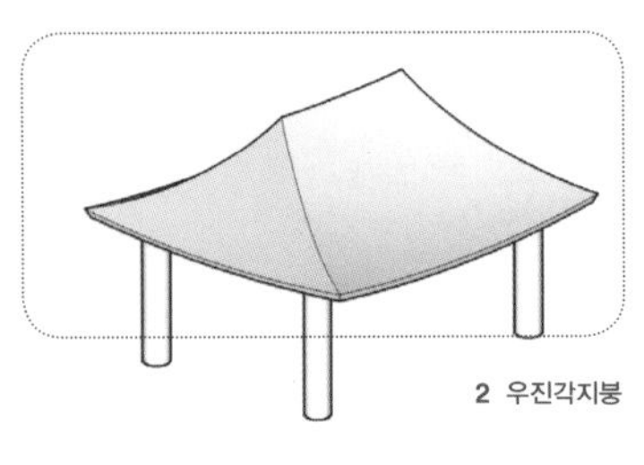

2 우진각지붕

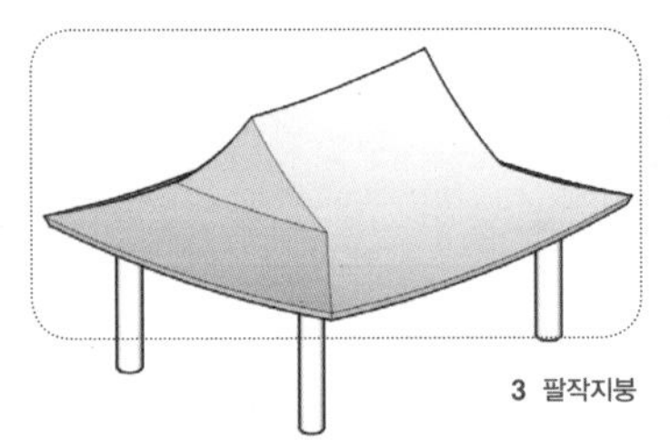

3 팔작지붕

면이 특히 건물 외곽 단부에 노출되면 위험성은 더 커진다. 바로 추녀, 사래, 도리 그리고 서까래가 바로 그런 부재들이다.

우진각지붕[2]과 **팔작지붕**[3]의 주요 구조재인 **추녀**[4]는 수관의 끝이 빗물에 노출되는 상황이니 더욱 각별한 조치가 필요했다. 그래서 여기 기와를 붙였다. 얹은 게 아니고 붙이려니 복판에 못을 박아야 하고 기와에는 구멍을 뚫었다. 생각보다 무시무시하게 생긴 도깨비 모양이 새겨진 기와가 특별히 제작되어 이 추녀 끝을 빗물로부터 막아주었다. 너무 무섭게 생겼으니 귀신이거나 용이라고 주장할 수도 있겠다. 그런 기와의 이름은 사래기와였다.

수관이 노출되는 다른 부재는 **서까래**[5]였다. 서까래 끝단을 막는 역할을 한 것은 여전히 기와였다. 동그란 서까래의 끝단에 붙

통일신라 시대의 사래기와
가운데 구멍은 추녀 끝단에 못으로 고정시키기 위한 장치다.

가운데 못구멍이 있는 서까래기와
백제 시대의 이 모습이 훗날 알록달록한 단청으로 변했을 것이다.

국립중앙박물관 소장

꽃잎 무늬 서까래기와
외곽선이 네모나게 바뀐 이유는 이걸 붙이던 부재가 네모나게 바뀌었기 때문일 것이다. 동그란 서까래가 네모난 부연으로 바뀐 것이다. 네모난 서까래기와는 역사 속에서 아주 잠시 등장하는 것으로 알려져있다.

이다보니 역시 못을 박아야 했고 복판에 못구멍이 뚫린 기와였다. 서까래기와, 혹은 연목기와라는 이름의 이 기와는 대체로 연꽃 문양으로 장식을 했다. 입체적인 연꽃의 이 기와는 낮게 해가 뜨면 깊이 그림자가 지면서 참으로 아름다웠을 것이다.

부연[6]이 처마에 덧붙으면서 서까래기와의 모양은 변해야 했다. 네모난 서까래기와가 보이는 것은 통일신라 말부터 고려 초기라고 한다. 그렇다며 이 땅에 부연이 수입된 때도 그 시기일 것이다. 부연이 덧붙으면서 추녀 끝에 붙었던 도깨비도 덧대 나간 **사래**[7] 끝으로 자리를 옮겼을 것이다. 그래서 지금 남은 이름은 추녀기와가 아니고 사래기와일 것이다.

그러나 처마에 덧붙인 부연에 다시 매달리기에 서까래기와는 너무 무거운 부재다. 그래서 네모난 서까래기와가 쓰인 기간은 그리 길지 않았을 것이다. 경량화가 필요했다. 기와보다 가벼운 것은 금속이었다. 동판이 가장 적당한 금속 재료였을 것이다.

빗물에 노출되는 선형 부재의 끝단에 기와 대신 금속을 덮는 것이 대안이었다. 사래 끝에는 사래기와를 걸지 않고 장화처럼 가공한 금속으로 아예 사래를 감쌌다. 여전히 무시무시하게 생긴 이 금속을 토수라고 부른다. 외부로 노출되는 도리나 보 끝단에도 이런 금속판을 댔을 것이다. 도깨비 모양이 아니면 부적의

일본 나라 현 호류지法隆寺 **목탑의 처마**
수관이 빗물에 노출되는 부재 끝단을 모두 금속으로 막았다.

부연의 끝단은 모두 검은색 바탕에 흰 점을 찍은 단청을 칠한다.

수관이 노출되는 추녀를 보호하는 토수. 가장 비바람이 많이 노출되는 곳이니 단청만으로는 부족했을 것이다. 민가에는 그냥 암키와를 덧댄 곳들도 많다.

서까래의 끝단은 화사한 꽃문양이다. 금속의 시기를 지나지 않았음을 이야기한다.

이 부분은 덧댄 금속의 흔적일 것이다. 도깨비에서 변형한 부적의 모습이었을 것이다.

도리의 끝단에도 금속판이 붙었을 것이다. 검은색 면에는 복판에 동그란 흰 점이 보인다. 단청 이전의 금속이던 시절에 자신이 못이었음을 이야기한다.

창경궁 명정전의 추녀 부분

형상이었을 것이다. 서까래 끝단에도 마찬가지로 금속판을 붙였을 것이다. 금속이니 다양하게 음영이 지는 기와보다 좀 칙칙하게 보였을 것이다.

그러나 금속 부품도 대량생산하는 것은 쉽지도 싸지도 않았다. 좀 더 쉽고 가벼운 대안은 바로 단청이다. 요즘 방식으로 말하면 목재에 방부 처리를 하는 것이다. 자동차로 치면 도장을 하는 것이다. 자동차 선택에서도 색이 중요하니 그 칠도 그냥 단순한 붓질이 아니었을 것이다. 단청은 전 시기에 있었던 모양을 상당 부분 이어갔다. 다시 양식화가 진행되는 것이다.

동그란 서까래기와는 금속의 시기를 겪지 않았으니 화사한 모구조적으로 파냈어야 할 이 부분은 점차 파인 깊이가 줄어들다가 결국 평면 부재의 어두운 색 단청으로 변했다.

이 쇠띠는 못으로 고정했다.

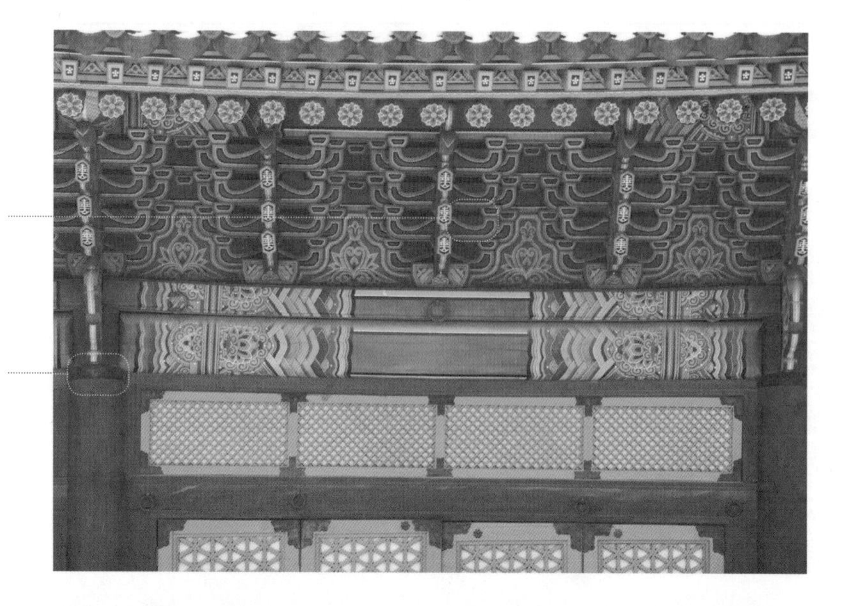

쇠띠는 검은색 단청으로 변했고, 흰 점은 고정시키던 못의 흔적이다.

덕수궁 중화전과 대한민국 시대의 어느 전통건축
중화전 기둥의 쇠띠는 남았으나 대한민국 시대 건물에서 쇠띠는 검은 단청으로 변했다.

습으로 양식화를 이어갔을 것이다. 그래서 우리는 유독 서까래의 단청에서는 알록달록한 꽃문양을 발견하게 된다. 금속의 과거를 갖고 있는 단청의 특징은 검은색이라는 것이다. 특히 그중에서 긴 부재의 끝단을 막는 금속의 역할을 하던 단청은 그 한복판에 동그랗고 흰 점을 갖고 있다. 이들은 모두 이곳이 원래 못이 박힌 자리였음을 의미한다.

또 다른 우선 양식화가 확연히 드러나는 곳은 기둥 상단의 쇠띠였다. 갈라지지 말라고 감아놓았던 보강 부재다. 그러나 이 쇠띠는 보와 기둥 단청의 검은 띠로 변했다. 쇠띠를 목재에 감아 이를 고정시키던 못은 흰 꽃 장식으로 그려져 남았다.

재료변화의 흔적이 형태의 양식화로 남아있는 사례로 범종을 들 수 있다. 범종처럼 전체가 단일재료로 일체화되어 있는 구조체를 엔지니어링 용어로 모노코크monocoque라고 한다. 달걀이 바로 모노코크구조의 대표적 사례다. 그러나 범종은 몇 가지 재료와 부재가 혼용조립된 형태의 흔적을 보여주고 있다.

범종 몸통으로 청동 이전에 가장 유추하기 쉬운 재료는 나무다. 삼국 시대의 미륵보살반가사유상이 형태는 같아도 나무와 구리로 각기 제작된 사례를 생각하면 된다. 예불시간에 치는 목

신라양식을 계승한 고려 시대의 천흥사종
범종은 종이컵과 형태가 유사한데 이유는 구조적 논리가 비슷하기 때문이다.

어 수준의 음량이었을 것이다. 중국종과 일본종은 서로 조금씩 다른 모습이되 여전히 몇 장의 나무판을 이어 붙여 만든 양식화 흔적을 보인다.

범종의 상하부 수평띠, 즉 **상대**[8]와 **하대**[9]는 오크통에서처럼 몸통을 묶어주는 연결철물이었을 것이다. 종을 매달려면 하중집중부를 강화해야 하므로 **유곽**[10]과 같은 덧대는 부재가 필요했겠다. **유두**[11]는 유곽과 몸통을 연결하는 튼실하고 든든한 징의 흔적일 것이다. 타종 시 나무통의 강도가 만족스럽지 못하므로 타종부위는 금속으로 강화를 해야 했을 테니 이것이 **당좌**[12]다. 이 당좌들도 모두 나무에 고정하기 위한 못의 흔적을 남기고 있다.

나무로 범종 몸통을 만들었다면 여전히 물과 습기가 문제가 된다. 특히 크기가 클수록 종 내부 공간의 습기 제어 문제가 부각되었을 것이다. 한국 범종의 개성으로 간주되는 상부의 **음통**[13]은 내부공간의 습기 제어를 위한 공기순환통로로 유추할 수 있다. 요즘 짓는 건물에서도 지붕을 목재로 하게 되면 공기순환로를 만드는 것이 표준설계다. 종의 재료가 나무였던 시절에는 이 공기순환로야말로 놀랄만큼 슬기로운 고안이라고 할 수밖에 없다.

결국 청동은 충격내성과 음량에서 압도적인 우위를 보이며 나무를 대체하고 모노코크구조로 변했을 것이다. 그러나 그 양식화된 모습을 전승하면서 대체해나갔을 것이다. 조선 시대에 이르면 결국 의미가 없어진 음통도 당좌도 사라진다. 유곽은 상대와 분리되고 유두는 무늬만 남은 흔적기관으로 변한다. 범종은 나무 몸통 시절의 제작 상 논리를 완전히 잃고 일부 형태만 왜곡 전승된 모습을 남기는 것이다. 전통건축의 단청이 겪은 과정이 다시 확인되는 사례다.

기초에서 시작한 건물은 이제야 지붕까지 모두 완성되었다. 이 건물은 넓은 공간이 필요한 의례를 위한 것이었다. 이 염불의 공간은 기능적 요구 조건이 정교하지는 않았다. 부처님이 앉아 계시면 산사의 법당이고 임금님이 앉아 계시면 대궐의 전각이다. 이제 기능과 대지의 제약이 좀 더 복잡한 일상의 건물로 시선을 옮겨보자.

마당과 지붕을 갖춘 주택은 그 모습을 어떻게 갖추게 되었을까. 예나 지금이나 주택은 규모는 작아도 항상 요구 조건이 까다롭다.

염불과
잿밥
사이

목수의 증언

열 번 찍어 안 넘어가는 나무 없다.

그는 넘어간 나무를 땔감으로 팔아 선녀와 행복하게 살던 나무꾼이었을 것이다. 또 그는 바로 그 정신으로 도도하던 선녀를 설득하여 결혼에 성공했을지도 모르겠다.

비슷한 시기에 역시 도끼를 들고 산속을 헤매던 이는 목수였다. 건물에 얹을 대들보가 필요한 참이었다. 그에게도 열 번 찍어 안 넘어가는 나무가 없었을 것이다. 그러나 그에게는 이 상황이 재앙이었다. 겨우 열 번의 도끼질에 넘어갈 정도의 나무만 산에 남아있었다면 그가 지을 수 있는 건물은 도대체 어떤 것이었을까.

나무꾼은 이번에는 국밥집 사람들 앞에서 입으로 침을 튀기고 두 팔을 펄럭거리며 너스레를 늘어놓는 중이었다. 집채만 한 호랑이를 만나 걸음아 날 살리라고 도망쳐온 것이다. 집채만 한 호랑이라고 했다. 호랑이가 큰 건 이해하겠는데 도대체 선녀와 살던 집은 크기가 어느 정도여서 호랑이와 비교가 되는 걸까.

속담이 있었다면 그것이 웅변하는 현실이 있었을 것이다. 끝내 목수가 구할 수 있는 것은 도끼질 몇 번이면 넘어갈 만큼 변

변치 않은 나무들이었다. 목수는 건물의 크기를 줄여야 했다. 결국 열 번 도끼질의 목재를 조합해서 만든 집은 호랑이보다 겨우 조금 큰 수준은 아니었을까.

민가의 목수들에게 아름드리 대들보는 사치였다. 불가능했다. 작은 목재들을 조합해서 만들 수 있는 집, A4용지를 그냥 옆으로 길게 이어붙인 평면 외에는 대안이 없었다. 유전자로 따지면 경회루가 아니고 종묘형이었다. 목수는 기둥을 두 줄로 늘어세워 옆으로 긴 건물을 만들기 시작했다. 이렇게 한 칸짜리 공간이 옆으로 늘어선 집을 홑집이라고 부른다.

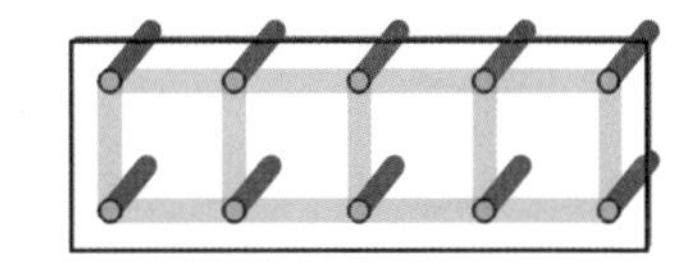

궐내의 임금님도 열 번 찍어 넘어가는 나무에 대한 속담을 들어 알긴 했을 것이다. 산에 나무가 없다는 것도 궁궐 담 너머로 보아서 알고 계셨을 것이다. 그러나 임금님이 백성들과 다른 것은 백두대간의 아름드리나무들을 잘라올 수 있다는 점이었다.

지방의 사찰도 상황이 민가와는 좀 달랐다. 절이야 어차피 산중에 들어서니 주변에 나무도 비교적 많았다. 지방의 부호들이 사는 시골 뒷산에는 도끼질 열 번에 쉬 넘어가지 않는 나무들이 꽤 남아있었다. 그래서 기둥을 여러 줄로 세운 집을 지을 수도 있었다. 이런 집을 겹집이라고 부른다. 지방 부호의 민가에는 겹

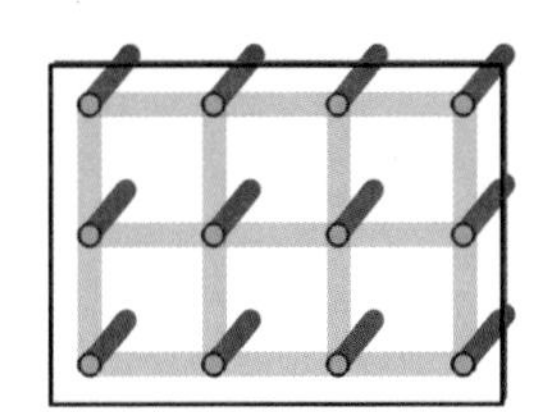

집이 좀 더 많다.

여기서 일본과 비교를 해보자. 일본에는 우리의 전설적인 나무꾼 이야기가 없다. 나무꾼들이 허약해서가 아니고 열 번의 곱절을 찍어도 쉽게 넘어가지 않는 나무가 뒷산에 즐비하기 때문이다. 한국보다 강수량이 많은 일본에서는 나무의 성장이 빠르고 그만큼 주변에서 큰 나무를 더 쉽게 구할 수 있었다.

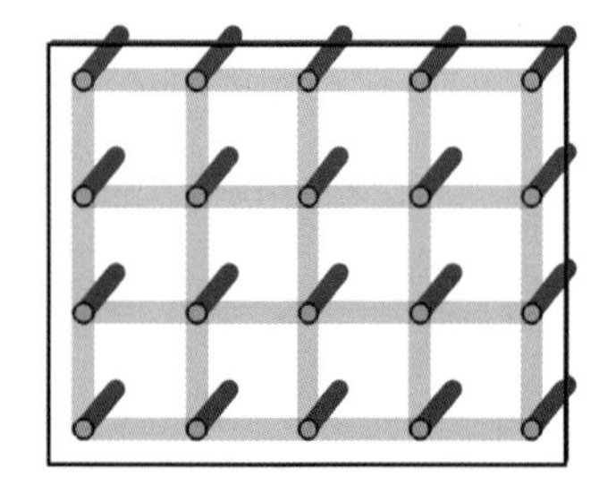

목재 수급량 차이는 곧바로 목조건물의 공간 구성 차이로 연결되었다. 이런 목재의 수급 덕에 일본 전통건축은 한국 전통건축보다 공간의 깊이가 깊다. 평범한 민가들도 몇 겹의 공간을 갖고 있다. 그 공간들은 복도 없이 그냥 방끼리 연결되어있다. 방과 방으로만 이루어진 공간의 조합은 일본 건축 공간의 중요한 특징이다.

이런 공간은 외피 면적이 줄어들어 열효율이 좋아진다. 난방의 절실함이 상대적으로 줄어든다. 온돌이 아닌 다다미만으로도 버틸 만하다. 그러나 햇빛이 깊이 들어오지 않아 공간은 항상 어두침침하다. 이 어슴푸레한 공간도 일본 건축의 특징이다. 이 미묘한 어두움에 대한 음미가 일본인들이 갖고 있는 주거 감수성의 독특한 모습이기도 하다.

일본 가나자와의 사무라이 주택
공간이 여러 겹으로 이루어진 것이 보인다.

이에 비해 한국의 민가는 더 밝고 환기가 잘 된다는 장점이 있다. 반면 난방의 중요성이 훨씬 커진다. 공간의 깊이가 깊지 않으니 마당에 서면 건물의 공간 조직이 한 번에 파악이 된다는 특징도 있다.

민가는 잡다한 일상을 모두 수용해야 한다. 그래서 전각이나 사찰보다 규모는 작지만 평면은 더 복잡하다. 그 평면을 이루는 기본적인 세 가지 공간은 마루, 방, 부엌이다. 이들은 요구 조건이 다 다르다.

방은 개인적인 생활이 이루어지는 공간이다. 우리의 방은 사

가야 시대의 집 모양 토기와 이를 근거로 재현한 고상주거高床住居
주택은 근본적으로 불을 다루는 공간을 중심으로 발생하였고 존재한다. 이 토기의 바닥면은 마루일 수밖에 없으므로 불을 다루는 공간이라고 보기 어렵다. 이 집 모양 토기는 주택이 아니라 창고를 표현하였다는 해석이 옳을 것이다. 창고는 잉여와 풍요를 전제로 한다.

용자가 규정될 뿐 사용 방식이 규정되지는 않는다. 집주인이 사용하면 사랑방이고 안주인이 사용하면 안방이다. 행랑어멈이 사용하면 행랑방이다. 여기서 각각 밥도 먹고, 공부도 하고, 잠도 잔다.

씨족공동체를 기반으로 했던 전통 사회에서 마루는 이 공동체의 공적 공간이다. 마루는 가족을 넘어 공동체 안에 있는 구성원들을 위한 공간이었다. 말하자면 응접과 회합의 공간이었다. 때로 가사노동의 공간이기도 했다. 그러나 공동체 밖에 있는 구성원들은 마당까지만 진입이 허용되었다.

방과 마루는 신을 벗고 생활하는 공간이라는 공통분모를 갖는다. 차이는 바닥 재료에서 시작한다. 선택적인 생활의 공간인 마루에는 난방을 할 필요가 없다. 나무널을 깔아 바닥을 만들었다. 나무를 바닥에 깔려면 땅바닥에서 올라오는 습기를 차단해야 한다. 차단할 수 없다면 들어온 습기를 서둘러 내보내야 한다. 환기가 필요해진다. 전통건축에서 사용한 방법도 환기다. 마루를 땅바닥에서 일정한 높이로 올려놓고 통풍을 하면 습기의 위협으로부터 벗어날 수 있다.

이에 비해 방에서는 동절기의 난방이 필수적이다. 우리 선조들은 난방을 위해 바닥 전체를 덥히는 방식을 선택했다. 온돌이라는 독특한 방식이다. 윗목과 아랫목이 있었고, 가족 내 위계를 규정하는 방식은 공간 이용의 위계로 표현되곤 했다. 아랫목이 어른과 주인의 영역이다.

온돌도 바닥에 공기를 순환시키는 방식을 선택한 것이기는 하다. 아궁이에서 가열한 공기를 순환시켜 바닥을 덥히는 것이다. 마루와의 차이라면, 이 더운 공기가 구들장 아래를 채우고 있다가 굴뚝을 통해 하늘로 배출된다는 점이다. 마루의 상하 면이 개방적인 공간인데 비해 방은 모두 폐쇄적인 공간이어야 한다. 덥든 차든 바닥면 아래로 공기를 유통시켜야 하니 방과 마루의 바닥은 지면에서 일정한 높이를 갖고 있어야 한다.

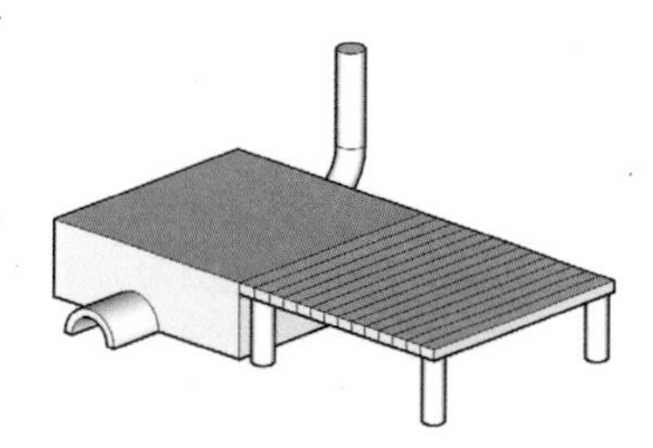

이제 방과 마루를 늘어놓아보자. 평면을 그려보는 것이다. 밥도 짓고 난방도 해야 하니 아궁이가 자리 잡은 부엌도 자연스레 포함시켜야 한다. 병자호란이 일어난 지 얼마 지나지 않은 시절, 지금의 서울특별시 중구 묵정동에 있던 어느 집으로 가보자.

건물을 접어야 하는 사연

> 남산 아래에 곧바로 닿으면 우물 위에 늙은 은행나무가 서있고, 싸리문이 그 나무를 향하여 열려있으며, 초가집 두어 칸이 비바람도 가리지 못한 채 서있었다.•

허생과 그의 처가 살던 묵적골 집 모양이 이러했다고 연암 박지원은 서술한다. 요즘 책을 낸다면 독자의 생생한 이해를 위해 연암은 삽화도 그려야 했을 것이다. 삽화를 그리려면 대략적인 건물 평면이 있어야 한다. 그 초가집의 평면을 만들어보자. 역시 초가집이니 기둥이 아니라 흙벽으로 지붕을 받쳤을 것이지만 평면 구성은 크게 다르지 않을 것이다.

구체적으로 그려보자. 우선 마루는 어떤 조건을 갖고 있을까. 비교적 공적인 공간이므로 마루는 가장 많은 사람을 수용할 수 있어야 한다. 따라서 마루는 가장 큰 대들보 아래 자리 잡아야 한다. 아울러 마루 자체의 습기 조절을 위해 맞통풍이 가능한 위치여야 한다. 즉 양면이 열려있는 지점이어야 한다.

• 박지원, 리가원 · 허영진 옮김, 《연암박지원 소설집》, 1994, 126쪽. 여기서 '두어 칸'은 '草屋數間'으로 '두어 채'의 의미다.

국립중앙박물관 소장

겸재 정선이 그린 사공도시품첩司空圖詩品帖 **중 소야**疏野**의 부분**
마루와 방의 관계를 보여준다. 방 옆에 있을 부엌은 왼쪽 소나무에 가려졌다.

자기 은닉형 인간인 허생에게 큰 마루가 필요하지는 않았겠지만, 처의 눈을 피하고자 이 마루에서 글을 읽고 있었을 것이다. 마루가 아닌 사랑방이었을 수도 있다. 방과 부엌만 있는 작은 집이었다면 윗목 아랫목을 허생과 그 처가 나누어 썼을 것이다. 아궁이의 위치가 중요해진다.

방은 여러 사람이 모이는 곳이 아니니 가장 큰 대들보의 공간일 필요는 없다. 폐쇄적인 공간이어야 하니 다른 공간으로 주변이 둘러싸여있을 수록 좋다. 또 난방이 필요한 공간임을 고려하면 부엌에 접해야 한다.

우리는 자연스럽게 **방**[1]을 중심으로 양쪽에 **마루**[2]와 **부엌**[3]이 각각 배치된 민가 평면을 얻을 수 있다. 마루 대신 방만 두 개 들어선다면 두 방 사이에 부엌이 오는 것이 가장 경제적이다. 아궁이

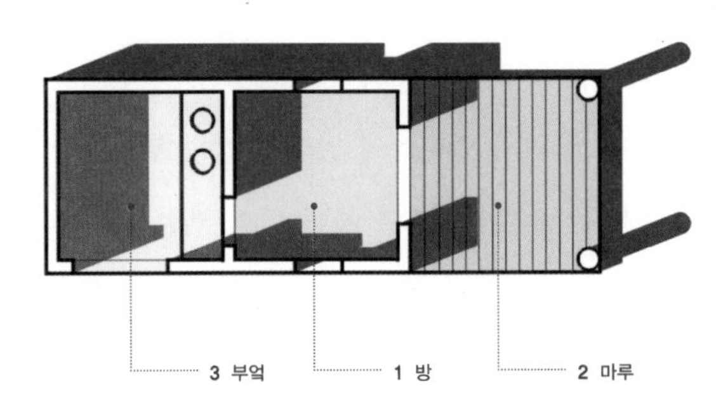

가 있는 부엌을 공유할 수 있기 때문이다. 이제 우리가 익히 들어온 초가삼간이 완성되었다. 세 개의 공간이 이루는 평면은 ㅡ 자일 수도 있고 ㄱ 자일 수도 있다.

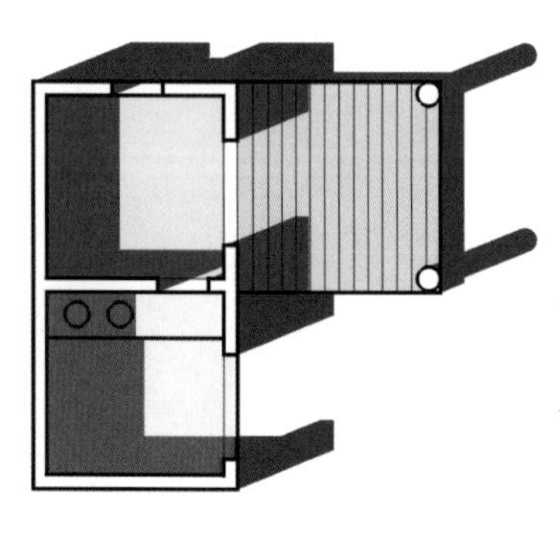

"찔레꽃 붉게 피는 남쪽 나라 내 고향"의 초가삼간 집은 ㅡ 자였을 것이다. 근거는 이렇다. 우선 남쪽에 있는 건물이므로 여름이 그만큼 무더웠을 것이고 모든 방의 맞통풍이 요긴했을 것이다. 건물을 ㄱ 자로 꺾게 되면 안방의 맞통풍이 어려워지고 지붕 짜기가 복잡해진다. 시골에서 굳이 그런 복잡한 집을 짓지는 않았을 것이니 ㅡ 자집이었을 것이다.

세 칸 집을 확장해보자. 식구가 늘어난다고 마루가 더 필요해지지는 않는다. 방만 하나 더 필요해졌다. 새 방은 어디에 놓아야 할 것인가. 안방을 중심으로 부엌의 반대쪽에 붙을 수도 있고 마루의 반대쪽에 붙을 수도 있다.

마루의 반대쪽에 붙인다면 공용 공간인 마루를 쉽게 사용한다는 점에서 효율적이다. 그러나 난방을 위해 별도의 아궁이를 설치해야 한다. 부엌의 반대쪽에 있다면 같은 부엌에서 양쪽 아궁이를 사용할 수 있다. 하지만 사이에 낀 부엌은 바닥 높이가 달라서 안방에서 옆방으로 가려면 신발을 다시 신어야 한다. 이를

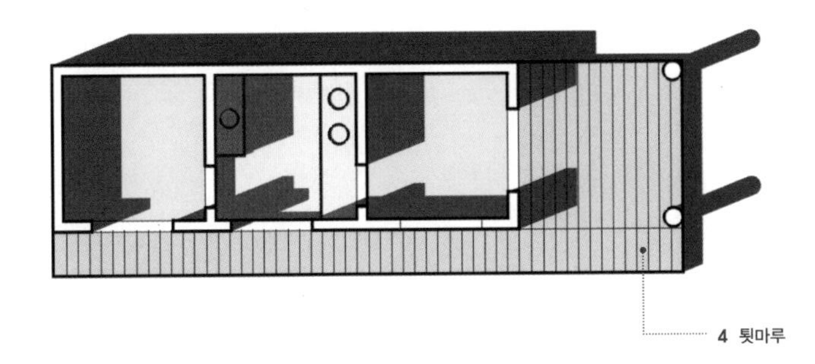

위해 만든 연결 공간이 **툇마루**[4], 혹은 쪽마루다. 마루가 기둥의 안쪽에 있으면 툇마루고 밖에 있으면 쪽마루다. 새 방에 맞춰 밖에 아궁이를 놓느냐, 툇마루를 놓느냐는 상황에 맞춰 선택을 하면 된다.

식구가 더 많으면 방이 더 필요할 수도 있다. 방 옆에 방이 붙게 된다. 방들이 이렇게 한 줄로 늘어서있으면 계속 이동의 문제가 생긴다. 툇마루의 중요성이 좀 더 강조되기 시작한다. 툇마루는 요즘으로 치면 현관이면서 복도, 응접실, 놀이터였다. 이 유연한 공간, 툇마루는 온돌과 함께 한국 전통 민가의 독특한 공간이다.

이제 이 길쭉한 평면을 대지에 얹어보자. 그런데 이 대지가 무한한 크기의 평면이 아니다. 제한된 크기의 땅에 긴 띠 모양의 건물을 얹으려면 어떻게 해야 할까. 우산을 작은 가방에 넣으려면 접어야 한다.

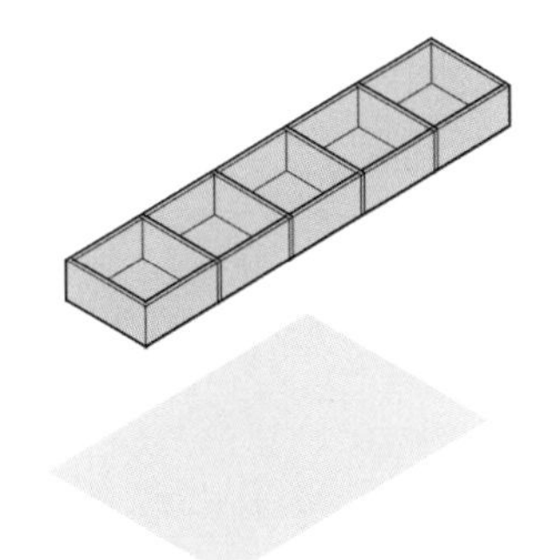

건물에서도 답은 접는 것이다. 정확히 표현한다면 꺾는 것이다. 건물의 평면은 ㅡ 자에서 ㄴ 자로 바뀐다. 혹시 땅이 아직도

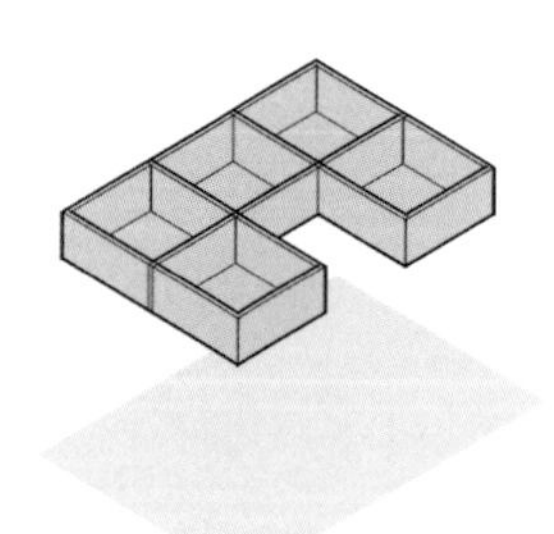

좁다면 건물을 한 번 더 꺾어야 한다. 건물은 ㄷ 자가 된다. 밀도가 훨씬 높아진 도시화 이후의 한옥들은 이 모습이 양식이 되었다. 바로 20세기 초반에 지어진 한옥의 모습이다. 인왕산의 호랑이도 사라지고 쓸 만한 목재도 사라졌으니 제한된 지붕 크기의 건물을 제한된 대지에 얹었다.

이렇게 꺾어 놓은 건물은 의외의 공간을 부산물로 제공했다. 건물로 둘러싸인 아담한 마당이 생긴 것이다. 우리의 도시 민가는 이 마당에 일상을 담아왔다.

평면적으로만 본다면 건물을 꺾는 것은 별로 어려운 일이 아니다. 문제는 여전히 지붕에서 발생한다. 목수에게 이전에 겪어보지 못한 새로운 문제가 등장한 것이다. 맞배지붕에서 시작하여 복잡하게 진화한 지붕은 팔작지붕에 이르렀다. 그런데 이 지붕의 허리를 심지어 꺾기까지 해야 하는 상황에 이르렀다. **지붕골**[5]이라는 새로운 조합 지점이 생겼다. 빗물이 모여드는 이 회첨골은 요즘 건물에서도 상습 하자 발생 주의 부분이다. ㄷ 자 집이라면 한 곳도 아니고 두 곳이 생긴다.

그러나 여전히 목수에게는 선택의 여지가 없었다. 공간의 크기, 목재의 수급, 대지의 크기라는 조건은 목수가 선택하거나 회

5 지붕골

서울 충정로의 도시형 한옥
건물들은 왼편이 남쪽이라고 이야기하고 있다. 지금은 재개발로 모두 헐리고 없다.

피할 수 있는 문제가 아니었다. 그리고 목수는 이 건물의 처마 끝에 새로운 재료, 함석으로 만든 차양을 덧달았다. 우리가 서울에서 마주치는 도시형 한옥이 이제 완성되었다.

우리는 제대로 평면을 모두 갖춘 집을 완성했다. 마지막으로 한 가지만 더 결정하면 된다. 바로 문이다. 집은 기능적으로만 치면 국소 기후 조절을 위한 고안품이다. 이 조절을 위해 벽이 필요하고 사용을 위해 문이 필요하다. 우선 문의 위치를 정하고 적당한 형식의 문을 달자. 문에도 여러 종류가 있다.

드르륵과 활짝의 차이

> 창밖이 어룬어룬커늘 님만 너겨 펄떡 뛰어 뚝 나서보니
> 님은 아니 오고 으스름 달빛에 열 구름 날 속였고나
> 맞초아 밤일세망정 행여 낮이런들 남 우일 뻔하여라

이름을 알 수 없는 저자가 지은 조선 시대 시조다. 어스름한 달빛이 창에 어른어른하게 비치고 있으니 창호지를 바른 창이었을 것이다. 그가 마당으로 뛰어나왔을 때, 그 문은 어떤 모양이었을까.

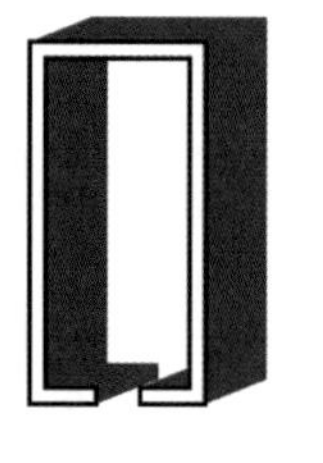

전통건축에서는 창과 문의 형식이 별로 다르지 않았다. 우선 건물에서 문을 내는 위치를 살펴보자. 우리에게 긴 직사각형 평면의 방이 있다. 어느 쪽 벽에 문을 내는 것이 합리적일까. 외부에 별다른 조건이 없다고 하면 긴 벽의 중앙에 문을 내는 것이 가장 합리적이다. 내부 동선이 짧아지면서 공간을 분리하고 사용하기가 훨씬 쉬워지기 때문이다. 이것은 기능적인 관점이다. 전통건축의 일관된 모습은 긴 변 방향에 입구를 두는 것이다.

의례 절차가 필요한 건물에서는 단변 방향에서 접근하는 경우가 많았다. 거쳐 가야 할 공간을 여러 겹 두는 것이 건물의 존재 이유에 더 합당하기 때문이다. 예식장 평면이 왜 길쭉하며, 왜 그 긴 끝에서 신부 입장을 시작하는지 생각하면 된다. 고대 그리스의 신전, 서양 기독교의 성당에서는 건물의 단변 방향에서 진입했다. 우리 전통건축에서도 의례를 챙겨야 하는 경우에는 굳이 단변에 따로 문을 내서 그곳으로 진입을 하라고 요구하고는 한다. 법당의 전면에 마련한 멋있는 문을 놔두고 신도들에게 옆의 쪽문으로 들어오라고 하는 이유가 여기 있다.

문도 여는 방식에 따라 종류가 다양하다. 크게 나누면 문설주에 정첩을 달아 여닫는 여닫이, 바닥에 홈을 파고 옆으로 밀어 여는 미세기, 혹은 미닫이. 미세기와 미닫이는 열었을 때 문이 벽 속으로 숨느냐는 문제에 따른 분류다. 우리 아파트의 베란다 창호들이 보여주듯 미세기문은 다 열어봐야 전체 개구부의 반만 열려있는 모양이다. 그러나 문이 앞뒤로 움직이지 않으므로 공간 이용이 경제적이라는 장점이 있다.

쓰기 적당한 문을 마음대로 선택해도 좋을 만큼 우리 전통건축의 조건은 호사스럽지 않았다. 이를 알기 위해서는 다시 구조체

해남 미황사 대웅보전

를 들여다보아야 한다. 다포식의 도입을 통해 **서까래**[1]들은 모두 굳건히 **외목도리**[2] 위에 안착하는 데 성공했다. 그러나 외목도리를 받쳐주는 포작들 중 **주간포작**[3]들은 **평방**[4] 위에 얹힌다. 지붕과 포작의 하중이 크니 평방이 처지고 그 밑의 **창방**[5]을 누른다.

창방은 원래 튼실한 부재를 얹어놓기 때문에 많이 처지지는 않는다. 눈의 띌 만큼 처지게 되면 다음 단계는 붕괴일 터이다. 그러나 창방도 결국 조금 아래로 처진다. 그런데 이 창방이 보여주는 약간의 변형은 건물의 존폐를 위협하지는 않지만 생활에는

해남 미황사 대웅보전

불편을 준다.

창방[6]이 휘면 그 아래의 벽을 누른다. 그 벽에 문을 내야 한다. 가끔은 벽 전체가 문이 되는 경우가 있다. 전각과 법당과 같은 의례의 건물이 거의 다 그렇다. 처진 창방이 이번에는 문을 누른다. 약간의 변형에도 문은 빽빽해지고 잘 열리지 않게 된다. 정도가 심하면 문과 문설주[7]에 금이 가기도 한다.

이 문제를 해결하는 방식은 두 가지다. 하나는 창방 아래 좀 사이를 띄워 별도의 수평 부재를 두고 그 아래 문을 내는 것이다. 이 수평 부재가 문인방[8]이다. 자신의 무게만 받치면 되는 문인방은 창방의 처짐으로 인한 영향을 받지 않는다. 따라서 그 아래의 문 역시 밀어 닫는 데 문제가 없게 된다.

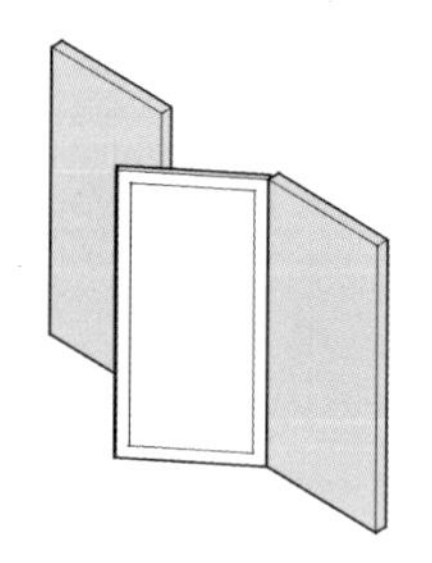

다른 방법은 창방의 처짐에 맞춰 변형할 수 있는 문을 다는 것이다. 전통건축에서 선택한 그 문은 바로 여닫이다. 분합문이라고 부르는 이 여닫이는 한 변이 기둥, 혹은 문설주에 매달려있다. 반대쪽에는 지지점이 없는 상태다.

여닫이문은 그 무게만큼 상단이 정첩 반대쪽으로 처진다. 그래서 요즘도 대개 목재 여닫이문의 상단 정첩은 특별히 두 개를 달아놓는다. 그런데 전통건축에서 공교롭게도 이 여닫이문이 처지는 방향은 그 위의 창방이 처지는 방향과 같다. 이번에는 한 발 더 나가보자. 여닫이문의 끝단에 다시 정첩을 걸고 또 여닫이문을 매달자. 헐거운 여닫이문은 더 헐거워진다. 유연해진다고 표현해도 된다. 그 위의 창방이 얼마나 처지든 개의치 않고 문을 열고 닫을 수 있다.

전통건축의 여닫이문은 말 그대로 열어젖힐 수가 있다는 장점도 있다. 분합문은 열어놓으면 문과 벽이 모두 사라진 형국이 된다. 의례가 필요한 공간에서 마당과 건물 내부를 엮어내기 위해서는 훌륭한 선택이었을 것이다. 우리가 궁궐, 사찰에서 가장 익숙하게 확인할 수 있는 형식이다.

여닫이문에 비해 미세기문은 문틀의 변형에 대단히 민감할

답사 현장에서 일상적으로 만나는 분합문
정첩 날의 두께만큼 문설주와 간격이 떠서 겨울을 나려면 꼭 문풍지를 끼워야 한다. 문 위아래를 보면 처진 방향이 보인다.

종묘 정전의 나무판문
가운데 아랫부분이 벌어진 것은 판문의 무게를 정첩의 유격이 버텨내지 못하기 때문이다.

창덕궁 후원 연경당의 여러 문들
여닫이문은 아무 곳에나 사용할 수 있으나 미세기문은 처짐이 예측되는 주요 구조체의 바로 아래에는 사용할 수 없다.

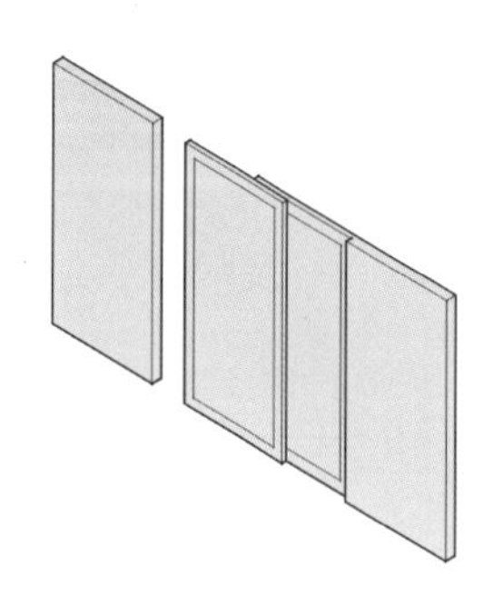

수밖에 없다. 아랫면과 윗면이 레일에 의지하여 움직이기 때문이다. 레일에 조금만 변형이 생겨도 문의 구동이 영향을 받는다. 뻑뻑해지고 잘 안 열리게 된다. 그래서 하중을 받는 수평 구조체 아래 미세기문을 설치하면 문은 거의 모두 제 구실을 하기 어렵다.

건물 내부로 들어와보자. 이번에는 외부로 난 문이 아니고 내부의 문이다. 방과 방을 구획하는 문이 필요하다. 그 문은 건물을 가로지르는 대들보 아래로 난 것이겠다. 대들보는 대개 창방보다 걸리는 위치가 높다. 그렇다 보니 대들보 아래 문을 달려면 별도로 문인방을 달아야 한다.

이 문인방은 대들보의 처짐으로부터 자유롭다. 그렇다면 굳이 여닫이문을 달 필요가 없다. 복잡한 정첩을 따로 달아야 할 필요도 없어진다. 우리의 전통건축에서 장지라고 부르는 미세기문은 외부에 면한 부분에는 사용한 예가 별로 없다. 특히 위에 주간포작이 올라가있는 경우는 더욱 그렇다. 미세기문이 별도로 문인방을 설치하는 방과 방 사이, 방과 마루 사이의 문으로 주로 사용된 것이 바로 이런 이유에서였다.

이제 조선 시대의 문학작품으로 돌아가자. 달빛 교교한 어느 밤, 님을 기다리던 이가 문을 열어젖혔을 때 적당한 부사는 '드르륵'이 아니고 '활짝'이었을 것이다. 그리고 그는 옆방으로 간 것이 아니고 마당이나 툇마루로 뛰어나갔으니 그 문은 여닫이문이었을 것이다.

이제야 우리는 건물을 완성했다. 수천 년의 시간 동안 수많은 사람들이 부딪친 고민의 결과물이 바로 그 구조체다. 우리 앞에 서있는 그 구조체는 생명체보다 훨씬 더 빠르게 변해왔으되 여전히 조건과 상황에 맞춰 진화한 결과물이다.

닫는 글

침묵의 얼굴

다시 치타가 달리기 시작했다.

달리는 순간, 치타는 정신적으로 육체적으로 극한상황이다. 같은 순간, 가젤도 치열하다. 정신적으로 육체적으로 필요 없는 것들은 모조리 털어냈다. 보는 이도 숨이 막힐 정도다.

종이컵, 우산, 바이올린. 이 책에서 거론한 최적화의 결과물들이다. 우리가 답사에서 만나는 전통 목조건물들도 그 대열에 세울 수 있겠다. 숲에 서있던 나무들을 재단하고 엮어서 이룰 수 있는 최적화. 그것은 종이컵, 우산, 바이올린처럼 우아하다.

그 우아함의 힘은 명쾌하다는 데서 나온다. 각각의 부재가 왜 거기에 그런 모습으로 존재해야 하는지를 다 설명할 수 있는 명쾌함이다. 많은 시간이 흘렀다. 명쾌한 이유를 명쾌하게 전승하기 어려울 정도로 오랜 시간이다. 그래서 전통건축의 설명에는 양식화의 규명도 필요하다. 이 양식화는 결국 과정에 대한 논리적 설명 대신 결과물에 대한 시각적 표현과 기술들을 요구했다. 착시를 보정하는 기둥, 우아한 처마곡선, 화려한 다포식과 같은 단어로 이루어진 서술들이었다.

나는 저들이 이전에 숲 속의 나무였다는 사실에 숨이 막히곤

했다. 그러나 자연스러움, 슬기로움, 아름다움을 적당히 비벼서 전통건축을 설명하는 글은 내게는 아무 메시지도 없는 수사였다. 전통건축에 대한 감격스런 찬미는 과정의 설명이 빠진 결과의 기술이라는 점에서 여전히 대상을 충실하게 설명하지 못한다. 그러나 대상을 자세히 들여다보면 이런 감상적, 시각적 단어들을 걷어내고도 여전히 건물을 설명할 수 있다. 그것이 바로 이 책의 내용이다.

이 책에서 설명한 많은 부분의 역사적 실증은 쉽지 않다. 그럼에도 거듭, 나는 존재하는 유구를 꿰맞춰 전통건축을 서술하기보다 비어있는 부분의 유추를 통해 그 진화의 얼개를 규명하고자 했다. 그것은 정답을 알 수 없는 퍼즐 맞추기였다. 이미 잃어버린 조각이 너무 많았다.

유실부가 많다는 것은 역설적으로 이 책의 설명에서 중요한 단서가 됐다. 건물을 무너뜨린 것은 불이나 물이었다. 불은 거동을 예측할 수 없지만 물은 예측할 수 있다.

예측할 수 있는 위협이었기에 지속적으로 변화하며 대처해야 할 대상이었다. 그 변화 과정의 설명이 남아있는 유물과 잘 맞으면 나는 최적화로 설명을 했다. 잘 맞지 않는 반례들은 모두 양식화의 결과물이라고 덮어씌우고 내뺄 생각이다. 그 맞섬과 도피가 설득력이 있는지의 판단은 독자의 몫이다. 다만 건축의 가치가 한가한 눈요깃 거리를 장만하는 것을 뛰어넘는다는 점은 여기서 확연히 전달이 되었기를 바랄 뿐이다.

지금 전통건축은 단종과 멸종의 위기를 간신히 버텨나가는 단계에 이르렀다. 그 위기를 버티는 힘은 우리 것이라고 여기고 부여잡은 집착이었다. 우리 것은 우리 것이므로 좋은 것이라고 할 수도 있다. 그러나 바뀐 세상에서 그런 믿음만으로 단종과 멸종의 위협을 끝까지 버텨낼 수는 없다.

전통건축의 설명에서 지금 더 필요한 것은 그것들을 이뤄낸 이들이 대면해야 했던 상황의 발굴, 그들이 이뤄낸 진화 방향의 파악이다. 현실이 바뀌었다면 진화의 방향이 바뀔 수밖에 없다. 거기 이른 과정의 이해를 바탕으로 우리는 새로운 환경에서 진화의 방향을 가늠할 수 있게 된다.

치타는 달리는 그 순간 가장 아름답다. 나는 여전히 믿는다. 치열하고 절박한 작업의 결과물이 아니면 그 대상은 아름다울 수 없다. 전통건축이 진정 아름답다면, 숨이 막힐 만큼 아름답다면, 그리하여 그 답사 여행이 가치가 있고자 한다면, 배우고 외웠던 자연미와 곡선미의 찬사뿐만 아니라 절실했던 목수의 모습도 배경에서 찾을 수 있어야 한다. 단 한 번도 역사에 이름을 남길 기회를 얻지 못했던 그들의 존재가 침묵의 건물을 통해 드러나지 않을 때, 우리 앞의 그것은 단지 나무토막의 조합에 불과하다. 그때 되뇌는 아름다움은 가식적이고 찬미는 공허하다. 마음에 각인되지 않고 각막을 스치는 노정의 여행은 시간 낭비에 지나지 않는다.

호랑이는 죽어 가죽을 남기고 나무는 기둥을 남겼으되 사람은 죽어서 이름을 남기지도 못했다. 아니, 기둥을 남긴 것은 나무가 아니라 사람이었다. 그 기둥들은 무너지고 사라져갔고 사람들은 그냥 잊혀갔다. 도공도, 화원도, 목수도 모두 이름 없는 자들이었다. 우리가 건물이 모두 사라진 가을의 폐허 어딘가를 배회하는 순간, 소슬한 바람은 묵묵한 주초를 스쳐 지나갈 것이다. 아주 오래전 그 주초와 기둥을 다듬던 분주하고 치열한 손길을 투명한 바람 너머 회상할 수 있을까. 그 회상의 어렴풋한 길잡이가 될 수 있다면 이 책도 한 줌 가치를 얻을 것이다. 오래전 그 동그란 주초를 바라보던 나도 그제야 위안을 얻을 것이다.

잘려나간 숲의 나무와 포항 법광사지에 남은 주초
잘린 나무는 저런 주초 위에 얹혀있다가 사라졌다. 그 사이의 시간에 존재하던 구조체의 모습이 바로 이 책에서 설명한 것들이다.

에필로그

무식하면 용감해진다.

이 책이 바로 그런 용감함의 결과물이다. 내가 전통건축답사 여행을 다니기 시작한 것은 대학원 학생 시절이었다. 학교에서 단합대회를 겸해 다니는 정기적인 여행이었다. 나는 전통건축에는 별 관심이 없었지만 단합대회라니 따라나섰다. 여행 앞에 다른 단어가 붙어도 별 생각 없이 따라나섰을 것이다.

내 생각에 전통건축에 관한 관찰과 해석은 그걸 따로 연구하여 업으로 삼을 학자들의 몫이었다. 내가 봐야 할 건물의 목록은 따로 있었다. 자동차가 없던 시절 나는 혼자 시외버스를 타고 다니며 내 목록을 지우고 채워나갔다.

나는 미국으로 유학을 갔고 거기서 취직도 했다. 국립현대미술관을 설계한 김태수 선생님의 사무소였다. 그런데 이 사무소에서 오래 전에 설계한 천안에 지은 건물의 벽돌에 금이 가는 일이 생겼다. 건축에 대한 남다른 관심과 애정을 가진 건축주는 건축가에게 자문을 구했다. 적절한 두 명의 미국인 엔지니어가 한국에 파견되었고 나는 통역으로 차출되었다. 그 건물은 학생 시절 내 답사 목적지 목록에는 있었으나 뜬금없는 외부 방문객의 출입은 허용되지 않는 곳이었다. 산사만큼이나 산속 깊이 있는 건물이었다. 나는 건물의 모서리도 보이지 않는 정문에서 발길을 돌려 참으로 먼 산길을 혼자 터벅터벅 걸어 내려와야 했다. 1986년의 무더운 여름이었다.

그러기에 그 차출은 내심 신기하고 신나는 이벤트였다. 두 엔지니어는 경탄할 만한 프로페셔널리즘으로 진단과 처방을 내놓았다. 모두가 목격한 현상에는 누구도 부인할 수 없는 물리적 원인이 있었고 그 인과관계는 명료했다. 작업이 끝나자 건축주는 약간의 시간이 남는 엔지니어에게 근처의 수덕사 관광을 권유했다. 나는 함께 따라나섰다.

건축을 전공했다는 통역이 이 중요한 고찰古刹을 우아하게 설명할 법도 했을 것이다. 그러나 당시의 나는 그런 데 아무 관심이 없었다. 그들 역시 나에게 기대할 바 없음을 곧 알아차렸을 것이다. 그들은 대대적인 중창불사가 이루어지기 전의 한적한 경내에서 자기들끼리 이런저런 잡담을 이어갔다. 그러던 중 대웅전 앞에서 그들의 대화 중 딱 한마디가 신기하게 내 귀에 쏙 들어왔다. 기둥들의 외부 쪽 풍화가 뚜렷하군. 1994년의 청명한 가을 아침이었다.

한국으로 돌아와서도 여름이면 휴가를 내서 동기들과 전통건축 답사 여행을 계속했다. 내게 여전히 전통건축은 괄호 안에 들어있는 단어였고 중요한 것은 여행이었다. 달라진 것은 풍화된 기둥이 내 눈에도 확연하게 들어오기 시작했다는 점이다.

그러나 전통건축은 내게는 헝클어진 퍼즐 조각이었다. 그걸 내가 맞춰볼 일은 없었다. 퍼즐의 그림은 드러나지 않았고 나는 기둥의 풍화 상태만 힐끔힐끔 넘겨다보았다. 그러던 중 나는 갑자기 아무도 맞춰주지 않는 이 퍼즐의 전체 그림이 궁금해지기 시작했다. 아마 미륵사지석탑 때문이었을 것이다.

일제강점기에 붕괴를 우려해서 콘크리트로 보강을 해놓은 국보. 결국 콘크리트를 포함한 석탑 자체를 완전히 해체해놓은 구조물. 유실부를 어떻게 만들어서 석탑을 복원하느냐에 관한 현상설계공모가 있었다. 현대의 복원이니 백제 양식이어서도 안 되고, 백제의 석탑을 무시한 현대 양식이어도 안 되는 디자인의 진짜 퍼즐이었다. 들리는 이야기로는, 동의하고 만족할 만한 모양을 내부에서 찾지 못해 현상설계공모를 냈다고 했다. 나는 원래 이런 퍼즐에 관심이 있었다.

계획안을 발표하는 자리에서 심사위원들은 참으로 호되었다. 시간과 에너지를 들여 계획안을 만들어왔는데 심사위원들은 맘에 들게 퍼즐 조각을 못 맞춰 왔다고 꾸중을 했다. 좀 이상한 구도였다. 2010년, 초겨울이어도 날씨는 매서웠다.

결론은 당선작 없음인지 유찰인지 그런 것이었다. 나는 결국 시간 낭비를 하였음이 틀림없었다. 그런데 갑자기 궁금해지기 시작했다. 저런 모호한 단어들을 접어두고 전통건축을 설명할 수는 없을까. 그래서 그때 잃은 것은 시간이고 얻은 것은 호기심이었다.

내가 학생이던 시절에 비하면 지금 학문으로서 전통건축의 성

취는 비교를 할 수 없는 수준이다. 엄청나게 많은 실측보고서가 나왔고 다양한 이야기들이 등장했다. 그 성취가 없었다면 나는 그냥 갑자기 호기심이 생긴 여행객이었을 것이다. 그러나 내가 보기에 건물을 설명하는데 사용된 단어들은 여전히 모호하고 낭만적이었다. 건물을 설계하는 입장과는 많이 달랐다.

나는 이런저런 가설을 나름대로 만들면서 건물에 갖다 대보았다. 가장 큰 문제는 가설을 검증하기에는 샘플의 수가 지나치게 적다는 것이었다. 남아있는 고려 시대 건물 다섯으로 수천 개의 샘플을 유추하려면 결국 논리와 상상이 필요했다. 내 표현으로는 논리적 상상력이었다.

나는 다른 건 몰라도 물체의 역학적 거동을 해석하는 부분에는 자신이 있었다. 앞에 놓인 저 목조건물들의 기둥, 보, 도리를 머리 속으로 이리저리 들었다 놓기를 반복했다. 그러던 어느 순간

갑자기 퍼즐 조각들이 일목요연한 그림 안으로 들어왔다. 내가 손을 대지도 않았는데 헝클어진 퍼즐 조각들이 알아서 휘리릭 제 자리를 찾아가는 느낌이었다. 이런 순간의 감탄사가 바로 "유레카!"였을 것이다. 나는 문자로 정리를 해야겠다고 마음을 먹었다.

이 책의 가장 큰 바탕은 대학 동기들과의 답사다. 여전히 여름이면 일정을 챙겨 나를 끼워주는 동기들이 없었다면 나는 최소한의 관심과 관찰도 하지 못했을 것이다. 적당한 자극과 격려를 수 십 년간 함께 한다는 점에서, 내 건축 인생에서 가장 큰 행운은 이런 동기들을 만난 것이라고 생각한다. 퍼즐의 그림이 궁금해진 뒤에는 〈이건산업〉에서 진행하는 전통건축 기행에도 참석하게 되었다. 아무런 전제도 요구도 없이 건축가들에게 편안하고 훌륭한 답사를 제공해주신 〈이건산업〉의 여러분께도 감사를 드린다.

남은 일은 내가 만든 설명의 틀을 동아시아의 전체 건물에 적용해보는 것이었다. 다행스럽게 내가 재직하는 한양대학교 건축

학부에는 이를 검증해줄 교수 두 분이 바로 앞방에 계셨다. 건축에 관한 한 일본과 한국, 전통과 현대, 역사와 설계를 모조리 섭렵하고 계신 독보적 존재가 토미이 마사노리 선생님이다. 앞방 교수의 온갖 시시콜콜한 질문에 대한 토미이 선생님의 막힘없는 대답이 없었다면 이 책의 테두리는 훨씬 좁아졌을 것이다.

중국에서 전통건축으로 박사학위를 하신 한동수 선생님은 중국 건축에 관해 대체가 불가능한 학자다. 한동수 선생님은 이 원고에서 나로서는 알 길이 없던 중요한 사실들을 확인해주셨다. 두 분이 안 계셨으면 나의 퍼즐 그림은 피카소의 그림처럼 괴상망측한 수준이었을 것이다.

나는 두 분 외에도 원고의 사실 확인을 해줄 믿을 만한 지원군이 필요했다. 그 역할을 기꺼이 해준 것이 한얼문화재연구원의 양윤식 원장이었다. 대학 동기라는 퇴로 없는 근거로 나는 앞뒤 가리지 않고 시간을 내줄 것을 요구했고, 감사하게도 양 원장은 꼼꼼하게 원고를 통독하고 이런저런 문제들을 챙겨주었다.

원고가 거의 마무리되었을 때 나는 독자로서 내 원고를 검토해줄 사람이 필요했다. 역시 대체가 불가능한 독자이자 검토자는 내 오랜 친구인 김세중이었다. 나도 나이가 어느 정도 되다보니 내게 대놓고 시건방진 어투라는 둥, 그래도 그냥 써도 되겠다는 둥 이야기해줄 수 있는 사람은 주위에 별로 없다. 거침없는 그의 조언 덕에 원고 여기저기가 환하게 바뀔 수 있었다.

내가 갑자기 전통건축에 관심을 갖게 되면서 불똥은 대학원생들에게 튀었다. 선생이 원하면 무조건 한다는 것이 우리 연구실의 전통이다. 지도교수만큼이나 전통건축에 관심이 없었을 이들은 갑자기 전통건축의 일러스트를 그려내야 했다. 맨 마지막 순간까지 일러스트를 맡아서 마무리해준 이필석 군을 포함하여 김민아, 김미라, 권지훈 군이 없었으면 이런 깔끔한 그림을 기대하기 어려웠을 것이다.

이 책에서 중요한 것은 사실 확인과 함께 논리였다. 논리에는 나이와 경험이 크게 중요한 장점이 아니었다. 저녁 시간의 연구실 세미나에 참석한 졸업생 제자들은 전체 그림에서 빼놓을 수 없는 중요한 퍼즐 조각들을 마저 맞춰주었다.

누구에게나 같은 양의 시간이 주어져있기에 이렇게 엉뚱하게 시간을 쓰려면 결국 가족과 함께해야 할 시간을 도려낼 수밖에 없다. 그 시간을 감내해준 희선과 진이에게 감사한다. 생각을 원고로 쓰기 시작한 것은 큰 수술을 마친 아버지의 병실에서였다. 그리고 원고가 거의 마무리되었을 때 어머니는 세상을 떠나셨다. 세상과의 마지막 인연을 하루하루 줄여나가는 어머니의 병실 창밖으로 해가 저물었다. 세상이 어두워지면 체로 걸러낸 것처럼 사람의 존재가 드러났다. 모든 불빛은 사람의 존재를 증명했다.

밤의 도시는 경이로웠다. 저렇게 불을 밝힌 건물들과 자동차들은 저마다 개별적이고 구체적인 사연들을 싣고 저리도 분주했다. 그러나 병실의 절박함에 저들은 무심했고 저들의 절박함에 나는 무지했다. 하지만 그런 관심과 무심이 정교하게 교직되어 도시가 움직였다. 그 안에는 또 다른 이유로 스스로의 존재 이유를 증명하는 나무도 벌레도 있었다. 나는 이 놀라운 조직체를 만날 기회를 주신 두 분께 감사드린다.

인쇄용지 위의 칙칙하던 원고가 효형출판에 가더니 마술처럼 꽃단장을 하고 등장했다. 신기하게, 그리고 여전히 이렇게 꼼꼼하게 책을 만들어주시는 효형의 식구들에게도 감사한다.

원고를 마무리하려니 미륵사지석탑 공모전이 자꾸 머릿속에 떠오른다. 시키지 않은 일을 해서 내게는 또 어떤 호통이 쏟아질까. 이번에 나는 잃은 시간 대신 무엇을 남길 수 있을까. 이야기를 이제 접는다. 도움을 주신 분들 덕에 원고를 완성했으나 여전히 모자란 부분들은 결국 나의 몫이다. 내가 다시 원래의 위치로 돌아간다고 해도 이 책에서 논리적으로, 역사적으로 옳지 않은 부분들이 있다면 바로잡기 위해 노력할 것이다. 어떤 나무는 기둥이 되고 어떤 나무는 종이가 된다. 종이에 인쇄된 이 허튼 이야기가 기둥에 새겨진 노력들을 욕되게 하지 않기를 바랄 따름이다.

참고문헌

국립문화재연구소,
《韓國의 古建築 19》, 국립문화재연구소, 1997

김도경,
《지혜로 지은 집, 한국건축》, 현암사, 2011

김성도,
《사진으로 풀어본 한일 전통건축》, 고려, 2009

김왕직,
《알기 쉬운 한국건축 용어사전》, 동녘, 2007

김왕직 · 이영수,
《예산 수덕사 대웅전》, 동녘, 2011

무라타 겐이찌, 김철주 · 임채현 옮김,
《일본 전통건축 기술의 이해》, 한국학술정보, 2009

문화재청,
《鳳停寺 極樂殿: 修理 · 實測報告書》, 문화재청, 2003

문화재청,
《浮石寺 祖師堂: 修理 · 實測調查報告書》, 문화재청, 2005

문화재청,
《修德寺 大雄殿: 實測調查報告書》, 문화재청, 2005

문화재청,
《영조규범조사보고서》, 문화재청, 2006

박상진,
《나무에 새겨진 팔만대장경의 비밀》, 김영사, 2007

植山茂 외,
《修德寺 大雄殿: 1937年 保存 修理 工事의 記錄》, 수덕사, 2003

영건의궤연구회,
《영건의궤》, 동녘, 2010

유돈정, 정옥근 · 한동수 · 양호영 옮김,
《中國古代建築史》, 세진사, 1995

이강민,
〈동아시아 목조건축의 구조원리와 지붕구조의 유형〉,
서울대학교 대학원, 2009

이윤화, 이상해 · 한동수 · 이주행 · 조인숙 옮김,
《중국 고전건축의 원리》, 시공사, 2000

전봉희 · 이강민,
《3칸×3칸》, 서울대학교출판부, 2006

정연상,
《맞춤과 이음》, 고려, 2010

최완수,
《佛像研究》, 지식산업사, 1984

한국건축역사학회,
《한국건축 답사수첩》, 동녘, 2006

한보덕, 신혜원 옮김,
《두공의 기원과 발전》, 세진사, 2010

Gordon, J. E.,
Structures, Penguin Books, 1978

Gordon, J. E.,
The New Science of Strong Materials, Penguin Books, 1991

Hori Taisai · Iwatani Minae, 서영대 · 김재온 역,
《수목의 진단과 조치》, 두양사, 2008

찾아보기

ㄱ

ㄴ

ㅂ

ㅅ

ㅇ

ㅊ

ㅌ

ㅍ

ㅎ

배흘림기둥의 고백

옛건축의 창조와 진화

1판 1쇄 찍음 2012년 8월 30일
1판 1쇄 펴냄 2012년 9월 10일

지은이 서현

펴낸이 송영만
펴낸곳 효형출판
주소 우413-756 경기도 파주시 교하읍 문발리 파주출판도시 532-2
전화 031 955 7600
팩스 031 955 7610
웹사이트 www.hyohyung.co.kr
이메일 info@hyohyung.co.kr
등록 1994년 9월 16일 제406-2003-031호

ISBN 978-89-5872-113-0 93540

값 17,000원